思维导图
从入门到应用

胡涵林◎编著

SIWEIDAOTU CONGRUMEN
DAO YINGYONG

江西人民出版社
Jiangxi People's Publishing House
全国百佳出版社

图书在版编目（CIP）数据

思维导图从入门到应用 / 胡涵林编著 . -- 南昌 :
江西人民出版社，2019.7
ISBN 978-7-210-11270-9

Ⅰ . ①思… Ⅱ . ①胡… Ⅲ . ①思维方法 Ⅳ .
① B804

中国版本图书馆 CIP 数据核字 (2019) 第 066531 号

思维导图从入门到应用

作　　者：胡翰林
策　　划：黄心刚
责任编辑：王醴颉
装帧设计：国风设计

出　　版：江西人民出版社
发　　行：各地新华书店
地　　址：江西省南昌市三经路 47 号附 1 号（邮编 330006）
编辑部电话：0791-86898983
发出部电话：0791-86898815
网　　址：www. jxpph. com E-mail：web@jxpph. com
版　　次：2019 年 7 月第 1 版
印　　次：2019 年 7 月第 1 次印刷
开　　本：787 毫米 x1092 毫米　1/16
印　　张：14
字　　数：198 千字
书　　号：ISBN 978-7-210-11270-9
赣版权登字—01—2019—112
定　　价：42.00 元
承印厂：三河市天润建兴印务有限公司

前　言

在生活中，你是否也曾遇到过这样的情况：明明是一个很简单的问题，却始终找不到破解的方法和解决的思路。这是因为，在处理问题的时候，你往往跳不出固有的思维模式，一味地采用传统思维去思考问题，而没有尝试新的思考方法。

说到这里，可能有人会问，究竟有没有一种简单有效的方式，能够帮助我们跳出"思维怪圈"呢？答案是肯定的。本书的主角——能够帮助人们提升思考力、促进大脑联想的思维导图，就是一种行之有效的思维工具。

说到思维导图，许多人可能并不陌生。据相关调查显示，如今，全世界已经有 2.5 亿人都在开始利用思维导图来学习、梳理和记忆各种知识，并从中受益良多。随着思维导图的优势和重要作用的逐渐普及，已经有越来越多的人，正在加入使用思维导图的大军，成为思维导图的忠实拥护者和主动推崇者。

思维导图是一种重要的思维工具。作为一种表达发散性思维的有效方式，它以图文并茂的形式，在主题关键词和各级分支之间建立有效的连接。一方面，它具有清晰全面、层次分明、重点突出的特点，另一方面，它也能增强我们的记忆、训练我们的思维、培养我们的思考能力，帮助我们更好地分析和解决问题。用一句话来概括就是：思维导图是我们生活和工作的好帮手。

在许多国家，比如新加坡、澳大利亚、墨西哥等，思维导图早就被引入了教育领域，而我们所熟悉的一些知名学府，比如哈佛大学、剑桥大学、伦敦经济学院等，也都在使用思维导图。尽管，思维导图在我国的起步比较晚，但它的发展势头却是十分迅猛。这也充分说明了在竞争越来越激烈、生活节奏越来越快的当今社会，了解一些思维导图的相关知识、掌握思维导图的绘制，已成为大势所趋。

那么，思维导图在实际的生活中有哪些具体运用呢？它能为我们的生活和工作带来哪些积极的影响呢？要想绘制出一幅完整而有效的思维导图，应该怎样操作呢？这些问题，也正是本书要解决的关键问题。

本书共分为思维导图入门、思维导图优势、使用思维导图前的思维训练、思维导图的绘制、思维导图阅读、思维导图时间管理、思维导图高效学习、思维导图助力职场、思维导图快速决策、思维导图助力人际交往十个章节。全面系统地阐述了思维导图的相关理论知识、思维导图的作用意义、思维导图的绘制以及思维导图的实际应用，语言平实、案例翔实，旨在帮助大家揭开思维导图的神秘面纱，让更多人了解思维导图并能够熟练运用思维导图。

不管你是第一次接触思维导图的"新手小白"，还是已经使用过思维导图的"熟练老手"，阅读此书，相信你都会有所收获。

目 录
contents

第九章　客观准确，一锤定音——思维导图快速决策

第十章　沟通顺畅，彰显自信——思维导图助力人际交往

第一章
揭开思维艺术的神秘面纱——思维导图入门

正所谓万事开头难，对于初次接触思维导图的朋友，应该怎样开启他们的思维导图之旅呢？对于画过思维导图的朋友，又应该怎样进一步加深他们对思维导图的理解，并让他们充分发掘出思维导图的广阔使用空间呢？

在本章，将为大家揭开思维艺术的神秘面纱，和大家一起开启思维导图的学习之旅，让大家认识思维导图的真面目。

本章内容如下：
➢什么是思维导图
➢思维导图的诞生以及在中国的发展
➢思维导图的五大常用术语
➢思维导图的四大操作核心
➢思维导图的读图规则

1.1 什么是思维导图

什么是思维导图？不同的人有不同的回答。随着时代的进步和社会的发展，大量的信息不断充斥着我们的头脑，据相关调查显示，全世界已有2.5亿人都已经开始利用思维导图来学习、梳理和记忆各种知识，并从中受益良多。尽管如此，仍然还有很大一部分人对这项简单易学的思维工具不甚了解。

那么究竟什么是思维导图呢？让我们从其定义、种类和特点三个角度入手，来了解思维导图。

1. 思维导图的定义

检索关键词"思维导图"，一张张像树枝一样由内向外扩散的图片马上映入我们的眼帘，而且这些"树枝"上还带了些文字或图像，其实这些图片就是我们所说的思维导图。

思维导图的发明者是英国著名的"记忆力之父"东尼·博赞，他在《思维导图——放射性思维》一书中是这样定义思维导图的：

它是一种图像技术，基于人类思维的放射性这一功能，它有效地激活了大脑，让人类的思维方式更具逻辑性，从而提高其学习能力，改善其行为方式，并普遍适用于人类的生活和学习。

其实简单来说，思维导图就是一种具有放射思维效果的图形式思维工具。有关思维导图的定义不胜枚举，通过互联网搜索我们就会发现很多人就此提出了不同的看法，不过，东尼·博赞对思维导图的定义流传得更为广泛。

无论如何，称思维导图为一种"行之有效的思维工具"是毫无疑义的，但要清楚它是一种"思维工具"，而不是"思维的表现工具"。因为思维导图的重心落在"思维"上，它的作用是引导思维，而"表现工具"只是一种图像形式而已，不能体现思维导图的本质。

有关思维导图的定义，我们没有必要去深究，重点是要使其为我们所用，在此之前，我们首先要了解思维导图的三大种类。

2. 思维导图的种类

思维导图可以分为图片思维导图、图文思维导图和文字思维导图三大类。

（1）图片思维导图。图片思维导图指的是全部内容以图片展示的思维导图，如图 1-1 所示：

图 1-1 图片思维导图

●适用范围：自我简介、篇幅较小的古诗词等内容比较简单的信息。

●特点：视觉冲击力强，容易吸引读者，便于记忆。

●注意事项：图片思维导图要搭配一定的文字解释方可充分发挥其作用，让人记忆犹新。

（2）图文思维导图。图文思维导图指的是既包括图片又包括文字的思维导图，图文思维导图是图片和文字的结合体。

●适用范围：广泛适用于各种信息的收集、整理和记录。

●特点：灵活、重点突出、便于理解和记忆、基本无需语言赘述。

●注意事项：图文思维导图中的图片与文字要相匹配，文字是对图片的说明，图片是对文字的视觉展示，以求内容达到可视化，便于记忆。

（3）文字思维导图。文字思维导图指的是只含有文字的思维导图，如图 1-2 所示：

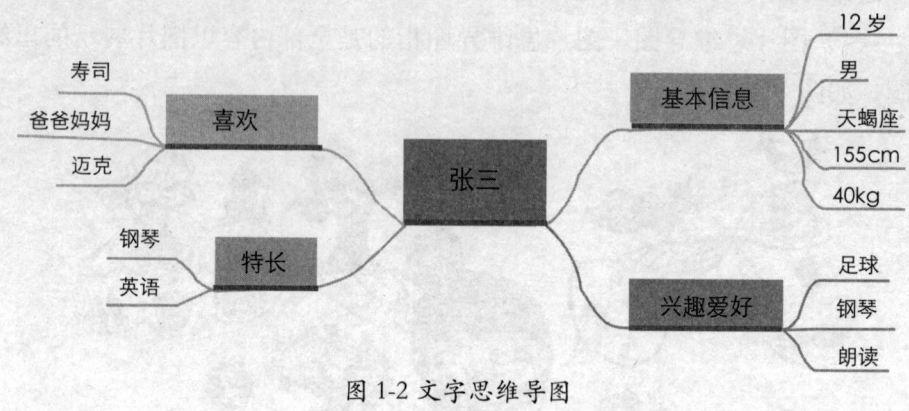

图 1-2 文字思维导图

●适用范围：适用于各个场景，尤其是对见闻、想法的收集、整理和记录。

●特点：简单、快速、绘制方便、延伸性强、层次分明。

●注意事项：文字思维导图完成之后可随着想法的不断完善进行补充和加工，使其更加丰满、逻辑性更强。

3. 思维导图的基本特征

思维导图不仅适用于学习中，也适用于我们生活和工作的方方面面，但是要自己的思维导图真正发挥作用，就要了解它的三大基本特征。

（1）美观舒适。爱美是人的天性，外表漂亮的人总能引起其他人的注意，让人心生爱怜之意，同时也会给自己带来更多的机会和眷顾。这一点同样适用于其他事物，试想一下，为什么很多人都喜欢看孔雀开屏？为什么美丽的风景总是让我们驻足欣赏？不管是动物、周围的环境，还是各色各样的物品，但凡是美丽的东西，都更易在人脑中储存并保持一段长久的记忆。

思维导图亦是如此，只有颜色亮丽、分支明晰、字迹工整的导图，才会给人以美的享受，继而让人有看下去的欲望，并愿意沉下心来分析每个分支的走向。而当我们带着鉴赏的眼光将整张导图看完之后，同时也会在潜移默化中学习一遍导图中体现的知识点，这样既愉悦了身心，又掌握了知识，可谓一举两得。

反之，一张杂乱不堪、单调繁冗、字迹潦草的思维导图，一眼看上去就会让人产生厌烦的情绪，根本不愿意多看一眼，这样一来，思维导图便失去了它的意义。

需要注意的是，我们这里所说的美并不是一定要像画家一样画出多么精美的艺术品，而重点强调的是"用心"二字。它要求我们要尽自己最大的努力将思维导图画得整齐而又层次分明，尽量不要出现错别字和乱涂乱抹的地方，哪怕是一个简单的关键词、一根线条，或者一个小小的几何图形，都要用心去画，这样才能画出工整、干净的思维导图，让人有看下去的欲望。

（2）具有发散性。每当我们想到一个词或一件事物的时候，就会习惯性地想到另一个词或另一件事物，这就是发散思维。发散思维往往与个人的认知和逻辑能力有关，它是人类思考问题的本质方式。一个关键词往往会通过一系列因果关系引发人类的行动。

例如，当我们听到"爱琴海""旅行"和"半价"这三个词的时候，就会自然而然想到"去爱琴海旅行半价优惠"，可是一旦改变其中一个关键词，将"半价"改为"暴雨"时，我们则容易想到"去爱琴海旅行的途中遇到了暴雨"。

以上例子就是大脑的思考机制。思维导图从本质上来说，其实就是将发散思维与逻辑推理进行有效结合，并将其以图片的形式充分体现出来，让人类的思维可视化、具体化。

在具体的操作中，思维导图主要是通过一个个关键词充分展示出发散思维的妙处，并且，这些关键词全部都是画龙点睛之笔，切不可以用长长的句子。关键词一般位于分支枝干上，有时会以图代之，于是便有了我们前面所讲的图片思维导图和图文思维导图。

（3）层次分明。房间乱了可以整理，头发乱了可以梳理，那么大脑和思维乱了该怎么办呢？同样的，人类的大脑和思维也是可以通过逻辑关系进行梳理的，而制作思维导图就是逻辑关系的梳理过程。

思维导图主要是通过一系列逻辑关系将大量信息进行分层。在一张思维导图中，你既可以看到主干，也可以看到分支，甚至第一分支下面还会出现第二分支和第三分支，由大到小，笼统而又细致地将人类的思维进行整理和归纳。

有关思维导图的分层特性，我们可以举一个简单的例子。比如，去图书馆看书，如果你想要找专业性比较强的书，那么直接通过书架上的分类标签就可以找到；如果你想找与提高记忆力相关的书籍，那么即便不知道该类书在图书馆的具体分类，也不至于会跑到计算机、宗教等方面的书架上去寻找，而会在学习方法或心理学等方面的书架上查看。

思维导图的分层特性能够同时激发左右大脑，让图像和逻辑思维实现有机结合，并充分体现在纸上。因此，长期使用思维导图的人逻辑会越来越清晰，也越来越能感受到思维导图的妙用。

总之，思维导图既要美，又要简单，高度概括信息的同时，还要通过层层分支体现大脑的逻辑推理性能。

1.2 思维导图的诞生以及在中国的发展

想要彻底掌握思维导图的技巧，知道其在人类生活中的运用方式，我们就要追本溯源，了解思维导图的诞生以及其在中国的发展。

1. 思维导图的诞生

20 世纪 70 年代，英国著名的"记忆力之父"东尼·博赞发明了思维导图。思维导图之所以能受到人们的关注，主要归因于英国广播公司（BBC）播出的一期节目。这期节目讲述了一位有学习障碍的儿童是如何利用思维导图取得惊人的成绩的。节目一经播出便受到了很多人的关注，思维导图也因此而成为人们津津乐道的话题。

那么东尼·博赞是如何发明思维导图的呢？

小学时期，东尼·博赞有一位非常要好的朋友叫作巴里。巴里认识许多昆虫，对河鱼也非常了解，东尼因此很崇拜他。可是学校按成绩分班，学习成绩优异的东尼被分到了 A 班，而巴里则被分到了 D 班，东尼因此而非常懊恼，与此同时，他脑海中也产生了一个疑问："聪明是什么？如何给聪明下定义呢？"

14 岁那年，东尼·博赞参加升学预考，由于升学后要阅读大量的参考文献，因此考试需要测试他们的阅读速度。考试结果出来了，东尼一分钟的单词阅读量是 214 个，本因这个还算不错的成绩沾沾自喜的东尼，却忽然发现同班同学中有个孩子比自己多读了整整 100 个单词。

东尼非常惊讶，于是对老师说："我也想跟他一样读得那么快。"而听到这话的老师却说："这不可能。"因为在那个时候，阅读速度被视为一种天资，"就像一个人的眼睛和头发的颜色是天生的一样，不会轻易发生改变"。

听了老师的解释，东尼又产生了一个疑问，自己曾在 6 个月的时间里便锻炼出了腹肌，身体可以由弱变强，那么眼睛是不是也可以逐渐练得灵活起来呢？进而他再想，大脑会不会因为长期锻炼而变灵活呢？

接下来东尼开始使用各种方法提高自己的阅读速度，最终他一分钟的单词阅读量达到了一千个以上。通过这件事，东尼体会到了人的大脑具有无限潜能，只要找对方法，那么一切皆有可能。

大学期间，作业量逐渐增多，于是东尼到图书馆去寻找可以提高大脑工作效率的书籍，可是管理员听到东尼的要求之后，却把他带到了有关解剖生理学方面的书架前，在受到东尼的质问时，管理员还冷漠地回答说："世上哪有你说的那种书！"

东尼被管理员的回答震惊了，一个简单的机器都会配带说明书，为什么大脑却没有呢？从此以后，东尼·博赞便致力于撰写人类大脑的"说明书"，最终他发明了思维导图。

思维导图的出现，还与一位大学教授有很大的关系。东尼·博赞上大学的时候，有一位叫作克拉克的教授，据说他知道每一个学生父母的名字和家庭住址，而且这位教授向来不喜欢逃课的学生。有一次，东尼的一个朋友逃课，教授点名发现之后，立即说出了这个学生父母的名字和家庭住址，东尼感到万分震惊，他没想到关于这个教授的传说是真的。

于是，课下东尼向教授请教提高记忆力的方法，经过三个月的软磨硬泡，克拉克教授终于传授给东尼一种"希腊记忆术"。所谓的希腊记忆术，其实就是通过把记忆对象和周围事物相结合的方式来记忆的一种方法，记忆效果既高效又准确。

东尼将这种记忆术记在自己的本子上，然后经过努力钻研，又发明了一种记笔记的方法。与此同时，他并没有忘记自己要撰写"大脑说明书"的愿望。

于是，东尼·博赞最终发明了一种由中心向四周放射线条的笔记，也就是思维导图。

思维导图中的线条一开始是黑色的直线，后来才逐渐变为彩色的曲线。东尼·博赞并没有大力普及思维导图，谁知思维导图却因为BBC那期节目的播出而一夜火爆，于是他便开始了思维导图的推广活动。

虽然思维导图广受好评，但真正将其使用起来的人却少之又少。为了大力普及思维导图，东尼·博赞举办了各种讲座，也撰写了很多相关方面的书籍。在他的努力之下，一些人开始利用思维导图进行记忆和学习，有些人的日程管理也用到了思维导图……

之后，思维导图果真成了"大脑使用说明书"，也成了一种万能思维工具。

2. 思维导图在中国的发展

随着思维导图的普及，全世界都在倡导用思维导图学习和工作，很多世界五百强企业将思维导图融入到公司的管理和应用中来。在新加坡，思维导图甚至是小学生的必修课程。

20世纪80年代，思维导图传入中国，其最初目的只是用来帮助有学习障碍的人。之后，在社会上得到了发展，思维导图的普及力度也逐渐加深，其开始融入工商界并得到了有效应用。

思维导图在中国已经有30年的历史了，但相较于其他国家，其应用和发展仍旧处于初级阶段。但不可忽视的是，近几年，越来越多的人开始将思维导图运用到生活、学习和工作当中。

中国将2017年定为思维导图普及年，在这一年的4月，中国思维导图普及工程新闻发布会在北京顺利召开，大脑派、英国思维导图官方注册导师(全球)培训总部Open Genius、国际记忆科学院（美国）等多家教育平台均参与了会议。在会议上，中国思维导图普及工程的发起人姬广亮先生指出："中国思维导图普及工程旨在让思维导图走进校园及千家万户，让更多中国青少年了解和掌握思维导图，实现'快乐学习，健康成长'。"

与此同时，思维导图发明人东尼·博赞先生也通过独家视频的方式，宣布了2017年世界思维导图锦标赛将在中国举办的消息。2017年8月19日，世界思维导图锦标赛如期在中国举行，这一赛事体现出思维导图在中国得到了进一步的发展。

　　在这个知识经济时代，国家的繁荣昌盛离不开全民知识、智力水平的提高。无论是国家之间的竞争还是人之间的竞争，都发展成为知识力的竞争，只有提高全民知识素养，发展国家知识经济，注重素质、效率和能力的提升，才能从根本上把我国建立成一个学习型的国家。

　　因此我们要响应国家的号召，积极行动起来，将思维导图这样优秀的技术和方法充分利用起来，在激活大脑、开发潜能的同时，提高自己学习和工作的效率，并将其应用到各个领域，最大化地发挥思维导图的作用，为伟大祖国的繁荣和昌盛贡献自己的力量。

1.3　思维导图的五大常用术语

　　思维导图中包含以下五种常用的术语：

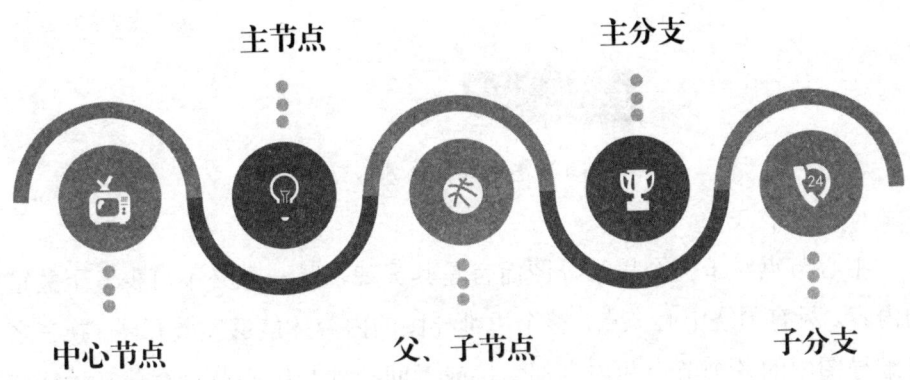

图 1-3 思维导图的五大常用术语

1. 中心节点

　　什么是中心节点？你可以理解为中心主题，它是在思维导图中位于主要位置的一个主题或节点。打个简单的比方，如果把思维导图看作一篇文章，那么，中心节点就是这篇文章的中心思想。中心思想在文章中起着至关重要的重要，不言而喻，中心节点亦是如此。

我们都知道，核心的东西放在突出的位置往往能加深人们的印象和理解，因此，大多数的中心节点几乎都位于思维导图的中心位置，其目的就是为了能突出思维导图的中心思想和主题，让其一目了然。

当然，任何事物我们都需要辩证地看待，也有些人在绘制思维导图时，中心节点并没有被其放在思维导图的中间位置。这主要是由于每个绘制者在绘制思维导图时的意图和需要都是不一样的，所以中心节点的位置也会根据不同的需求而处在不同的位置。

例如下面这幅思维导图就将中心节点放在最左边，这也是"中心节点"。

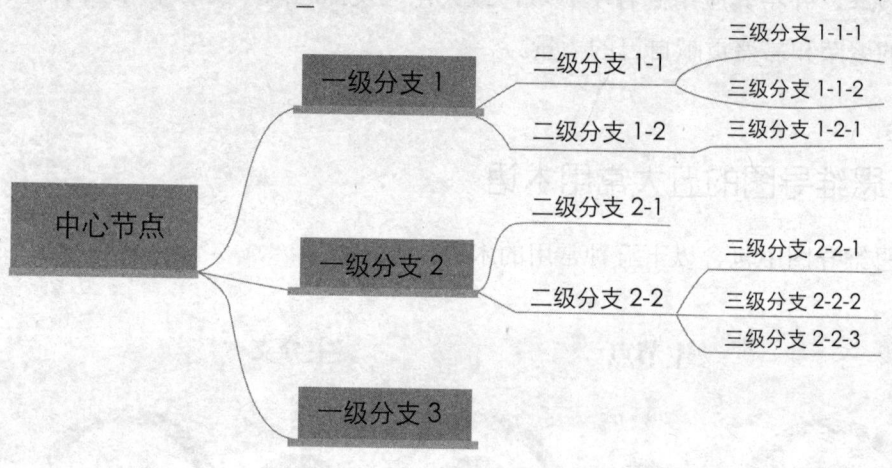

图 1-4 思维导图的基本结构

中心节点对于一个思维导图而言是其灵魂，是一项必不可少、至关重要的内容。只有围绕中心节点，整个思维导图的内容才能够发散开展。换言之，思维导图中的各个节点和内容都直接或者间接地与中心节点有着某种特殊的联系。

2. 主节点

所谓主节点，就是指从中心节点延展出来的子主题，中心节点就由主节点组成。主节点在思维导图中起着承上启下的作用，它不仅是对中心节点的分解，还是下级内容的中心思想。下图中心节点分出来的"一级分支1""一级分支2"以及"一级分支3"就是该思维导图的3个主节点。

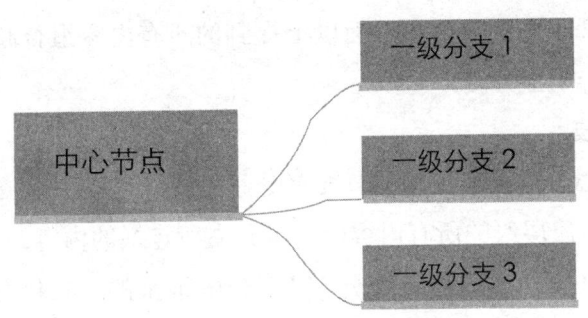

图 1-5 思维导图的基本结构局部图 (1)

3. 父、子节点

父节点、子节点很好理解，它采用父子这种生动形象的比喻来主要描述思维导图中的层级关系。父节点和子节点相连的两个层级中，子节点是父节点的内容之一，父节点包含子节点，它们之间是包含和被包含的关系。换句话理解就是父节点包含的内容较多，而子节点包含的内容较少。

在下面的思维导图基本结构局部图中，"一级分支1"的内容包括"二级分支1-1"和"二级分支1-2"的全部内容。"一级分支1"是"二级分支1-1"和"二级分支1-2"父节点，而"二级分支1-1"和"二级分支1-2"是"一级分支1"的子节点。

图 1-6 思维导图的基本结构局部图 (2)

4. 主分支

所谓的主分支，就是指由中心节点延伸出来的分支，它的主要内容包括主节点及其主节点下属的所有内容。所谓的主节点，就是指主分支的主要内容，比如，图 1-5 中的一级分支就是一个主分支。

下面，我们就以这个分支为例，具体来了解一下主分支的主要内容。从图 1-5 中我们可以看到，这个一级分支又包括二级分支 1-1 和二级分支 1-2 两部分内容，而这两个二级分支下面又包括三级分支 1-1-1、三级分支 1-1-2、三级分支 1-2-1 三部分内容，而以上提到的所有内容组合起来，就形成了思维导图中的一个主分支。

5. 子分支

由非中心节点延展出来的分支就是子分支，它是主分支的组成部分，子节点以及其下属层级的所有内容就是子分支所包括的内容。

思维导图 1-7 中由"一级分支 1"分解下来的"二级分支 1-1""三级分支 1-1-1"以及"三级分支 1-1-2"便是属于"一级分支 1"的一条子分支。

以上便是思维导图的五大常用术语，希望大家能够理解并牢记。

1.4 思维导图的四大操作核心

思维导图法有四大操作核心概念，它们分别是放射性思考、关键词、色彩、图像。接下来让我们依次来了解这四大操作核心的具体概念。

1. 放射性思考

思维导图透过"树状结构"与"网状脉络"来表现其所构成的整体性。

（1）树状结构。我们将其层次分为三个操作元素即主题、大纲及内容。依据阶层的上下关系，大致又可划分为分类、因果、联想三类关系，其中分类和因果关系属于逻辑关系，一般用于归纳、统合；而用于发想及创意的联想关系属于非逻辑关系。

A. 分类关系。分类关系以位阶分类，从上到下，以此类推分为最上位阶代表最大类的概念，次是中类，最后一阶是具体事物名称或描述。

一般分类关系有以下 7 类：

●本质：根据 5W2H 分类

●历史：根据发生时序分类

●流程：根据事物进行分类

●人物：根据人物角色分类

●书本：根据主题、章、节分类

●内容：根据事物特性或功能分类

●类别：根据事物之间的关系或属性分类

下面各举一个简单架构提供给大家参考。

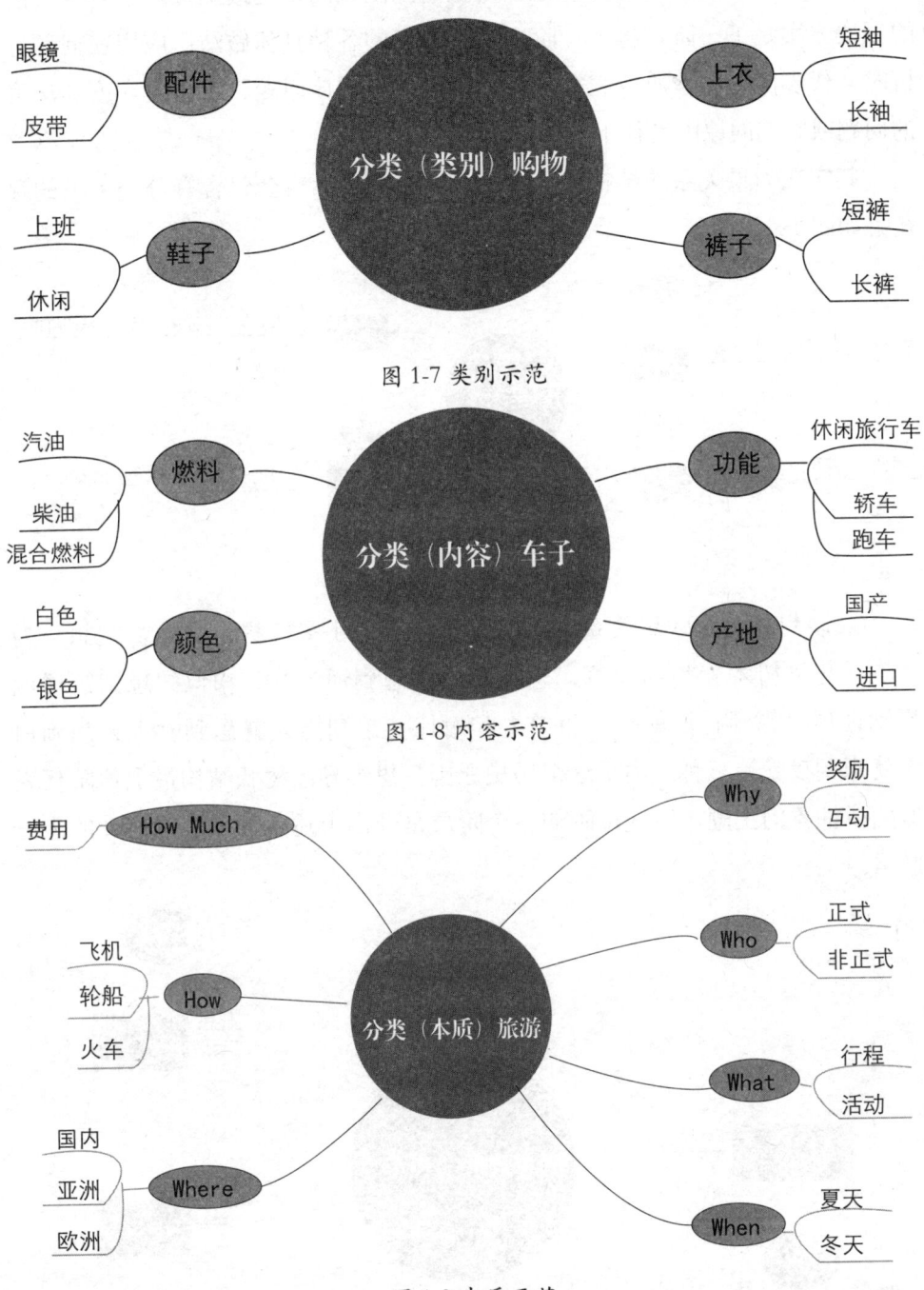

图 1-7 类别示范

图 1-8 内容示范

图 1-9 本质示范

B. 因果关系。原因与结果的关系通常以树状结构来展现。

举个例子，解决问题时，造成问题的原因或因素是最上位阶，各种可能的解决方案是下一阶，再下一阶则是该方案的各种具体做法；应用在问题分析时，代表问题的本质或表征是最上位阶，造成该问题、所衍生广度与深度的问题或影响的原因是往下各个位阶等。

其实在因果关系的结构中，原因、结果的层面也会包含有分类关系的存在。如图 1-10：

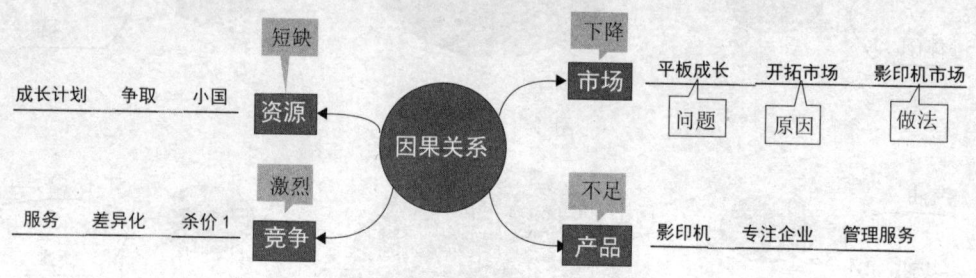

图 1-10 因果关系

C. 联想关系。联想关系由希腊哲学家亚里士多德提出，他将联想分为接近（想到树木就想到花草、想到高山就想到河流）、相似（想到篮球就想到地球、想到竹筷就想到竹竿）和对比（想到男人就想到女人、想到白天就想到夜晚）三种。由于这个历史原因，思维导图树状结构最上位阶代表原始或抽象的主题，往次位阶的各个阶层是经由上述各种联想所展开的思维脉络。

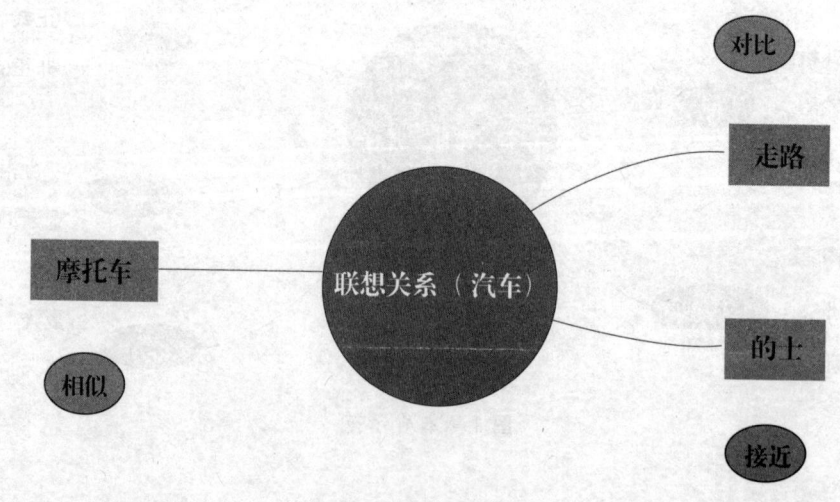

图 1-11 联想关系

（2）网状脉络。网状脉络就是所谓的连结。用单箭头或双箭头线条在有关联不同的节点关键词之间指出彼此之间的连结关系，同时也可在线条上加以文字说明两者之间的关联性。

由于一般职场的计划都会比较复杂，不同树状之间所产生的脉络连结就会相对频繁。那么连结在职场的思维导图法应用时，扮演着极为重要的角色。

下面就刘备、曹操及孙权之间画上一个连结线，代表他们之间的操作关系连结，作一个简单的举例：

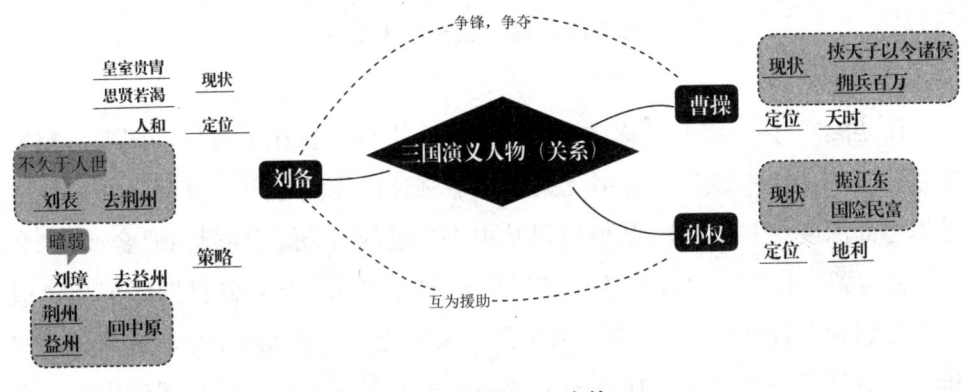

图 1-12 人物示范连接

关于思维导图法的放射性思考，阶层结构包括两个方面：水平思考与垂直思考。我们称之为思绪绽放与思绪飞扬，通俗一些表达就是广度思考与深度思考。任何事情都是一个熟能生巧的过程，我们只有让自己的思绪绽放及思绪飞扬的能力得到长期规范的训练，这样在使用时才能迅速地架构出思维导图法。

A. 思绪绽放。我们可以理解为"水平思考"或"扩散思考"。举个电路原理中的"并联"例子，思绪绽放的功能在于扩充思考的广度，目的在于增进创造力。我们可以看图 1-13 的思维导图范例。以"快乐"为中央主题，由"快乐"所产生的思绪绽放联想就是其围绕在四周的六个第一阶想法。

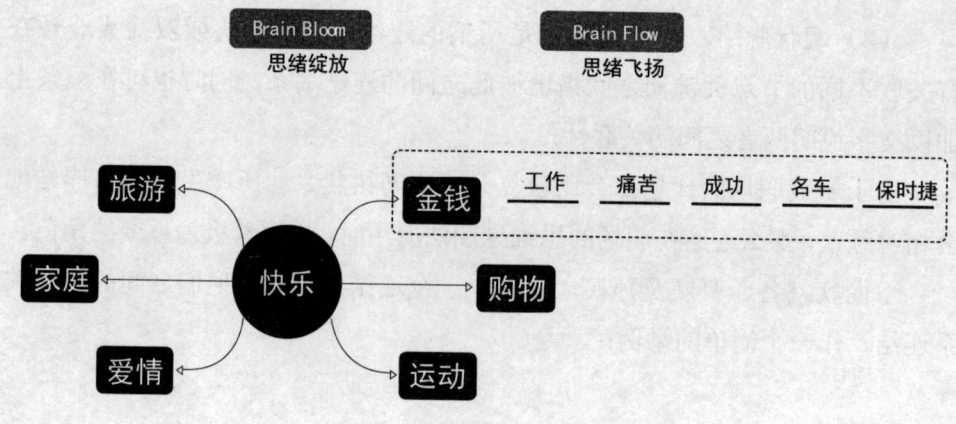

图 1-13 思绪绽放和思绪飞扬

B. 思绪飞扬。我们又称之为"垂直思考"或"直线思考",同理,想象电路原理中的"串联",思绪飞扬为了能强化问题的分析及推演,它需要增进思考的深度。图1-14中,我们可以从中央主题的"快乐"会联想到"金钱","金钱"会想到"工作","工作"会想到"痛苦","痛苦"会想到"成功","成功"会想到"名车","名车"会想到"保时捷"。那么这个串联起来的"快乐——金钱——工作——痛苦——成功——名车——保时捷"就产生出一个思绪飞扬路径。

由思绪绽放与思绪飞扬交织起来就构成了思维导图法中的阶层结构。无论是从中央主题,还是任意一个支干线条,我们都可以来进行思绪绽放或思绪飞扬的联想。

2. 关键词

(1)词性。词性方面,我们主要以名词为主,动词放在第二位置,形容词、副词或介词等必要的时候当作辅助。精简关键词方面,我们有一套自己的判断原则,那就是:如果不影响对内容的理解,我们可以删除它、省略它;反过来,若删除它会对内容产生误解,甚至改变原义,那就必须保留它。

(2)数目。每一个线条上的关键词要遵守:以一个语词为原则,特别是在创意发想、工作计划、问题分析等场合。在整理文章笔记时,只有在章节名称、专有名词、特定概念等情况下,才允许两个以上的语词写在一个线条上;为了让资料的整体更有结构性,在整理重点内容过程中,还是要尽量掌握一个语词的原则。

（3）颜色。当我们进行手绘时，文字颜色需要与线条同色；用计算机软件绘制时，也可使用黑色，目的是为了避免屏幕上出现不容易阅读的彩色字。

（4）大小。为了在视觉上突显上位阶的议题、概念或类别，我们需要把位阶越上的字号增大并加粗。

3. 色彩

在色彩方面，我们要尽可能地使用彩色文字、线条、图像或符号，并要用三种以上颜色绘制彩色图像，活络主干及支干上的概念。

原本线条与关键词色彩是可以依个人感受选择的，但是因为人们对颜色有某些共象，多了解颜色的基本规则，将有助于我们对色彩感受的掌握。关于颜色的基本规则，我们会参考下面六项思考帽：黄色——正面乐观；黑色——负面否定；绿色——创意思考；蓝色——程序规则；白色——客观事实；红色——情绪感受。

举个例子，我们可应用六项思考帽来协助会议的开展。譬如在大家争得不可开交时，为了有效降低冲突及提升开会效能，若主席规定大家同时戴上某一顶帽子，就不会有人用不同的帽子在沟通。

4. 图像

（1）关于位置：不是随便到处乱加插图，让其失去焦点，而是在特别重要或关键概念的地方加上图像，这样可以凸显重点所在。

（2）关于象征：在重要处加上的图像，不仅要有助于激发创意，更应能强化对内容的记忆效果，这样才能代表或联想到重点内容的意涵。

1.5 思维导图的读图规则

一张完整的思维导图放在我们面前，我们需要学会看图和读图。看图的意思就是先浏览一下这张图的大概内容，大致确认一下导图里是否有我们感兴趣的内容。其次，从看导图的过程中，也会大致了解导图的内容和作图者的中心主题，迅速了然于心。

在确定导图中有我们需要关注的内容之后，就需要重点读图了。读图比看图更要"用心"，更要专注。首先，我们在读图的过程中要深入思考、认真体会；其次，在读图的过程中要学会良好的阅读思维导图的习惯；最后，当深入了解导图的意思之后，读图者把自己的理解和导图的思维联系起来，借助工具能方便快捷地在图上画出自己新的思维导图。

读图是看图到画图之间的纽带，学会画思维导图不光可以展现思维样式，同时也能锻炼思维能力。掌握这项技能只会看图是远远不够的，需要我们认真地读懂导图的逻辑顺序和思维方式，学会思维导图的使用，最终才能画出自己心中的思维导图。正所谓"读书有三到：眼到、心到、手到"，看图是"眼到"；读图就是要让我们做到"心到"；能画出自己的思维才是"手到"。

那么如何快速读懂一幅思维导图呢？

1. 读图的两大基本规则

以下是我们总结出的读思维导图的两大基本规则：

图 1-14 读思维导图的基本规则之一

（1）思维导图读图规则之一

A. 注重系统性。一张思维导图完成以后，它的结构已经固化，中心主题和各层级就是一个完整的系统。阅读者需要从图中读出主题和各层级、主节点和次节点之间的系统性逻辑关系，并发现其中的关联，想一想绘图者为什么会这样做，子节点对于父节点的关联是否不可或缺。如果发现子节点并不属于关联的内容，这张思维导图就不严谨，也没有什么系统性可言。

B. 集中注意力。思维的方式是习惯性地沿着一个逻辑方向前行，而思维导图中的主题会分出许多的分支。我们在读思维导图的时候，没有必要一下子把中心主题的所有分支全部展开。初始读图的过程，是顺着主题其中的一个分支，一块块地读下去，这也是读图过程集中注意力最好的方法。

在读图的过程中，如果同时打开主题的多个分支，大量的内容会一下子充斥到面前。当浏览下一分支内容时，上一个分支会容易被"忘掉"；当下一分支恰好是有兴趣的内容，上一分支又容易被"放弃"；等到在当前节点上浏览之后才发现原来并不是自己的关注点之后，才想到去一点点重新查阅各分支的具体情况。

为了提高读图的效率，需要集中精神，培养好的读图习惯，坚持顺着一个分支的方向慢慢读下去。千万不要开始的时候就选择性地来阅读，特别是在不了解思维导图具体内容的情况下。

C. 关注大画面。当对一张导图完全掌握，并了然于心之后，这张导图会变成我们头脑中的地图和数据。地图是现实环境的缩小，当我们在看地图的时候，思维是带着一种俯视的视角去审视地图，脑海里呈现的就是一张大画面，一种宏观的思维模式。在宏观的思维模式里，无需去在意过多的细节，如同看地图一样，只需要知道从一点到另一点的坐标，就能在地图上找到最快捷的路线。

"大画面"的能力是慢慢养成的，它会让你站在更高的视界去思考问题。一旦具有这种读图的能力，也就具备了一种新的思维方法。这种能力在发现问题、分析问题和解决问题的过程中有很大帮助。

（2）思维导图读图规则之二

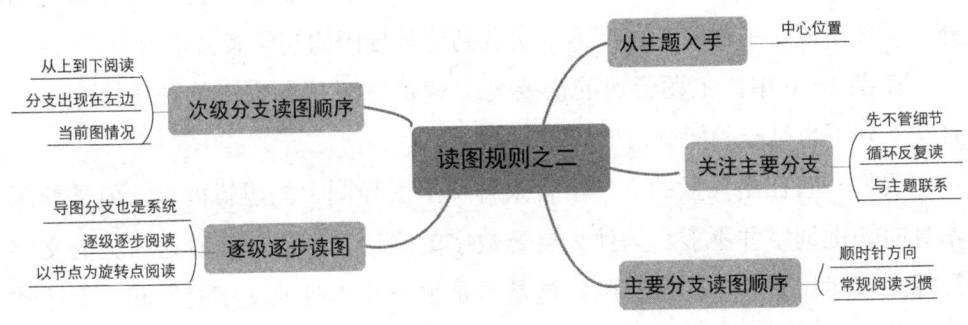

图 1-15 读思维导图的基本规则之二

A. 从主题入手。主题是一张导图的核心，主题的用词概括了导图的中心思想，在阅读导图的时候一定要对照主题来阅读导图中的分支内容，以免跑题。

在所有的导图中，中心主题都是放在导图中央最醒目的位置来显示它的重要性，同时也方便读图者的关注。

B. 关注主要分支。在一张导图中除了主题之外，分支也是有重有轻的。任何一篇内容，都会有重点和非重点、主要和次要之分。主要的分支需要反复读，认真读；次要的分支内容一般不会很多，可以简单地阅读，避免花太多心思。

C. 按顺时针方向读图东尼·巴赞在《思维导图——放射性思维》一书中已经定义了读图的顺序——顺时针方向阅读，同时，顺时针方向也是生活中的一种习惯。制图者制图顺序是顺时针，读图者当然不能逆时针来读，这是一条不成文的规矩。

D. 逐级逐步地读导图分支。思维导图的逻辑关系和分支的关联方式注定了它本身就是一个大系统,而主节点到次节点之间的关联性就是一个小系统。这样一层层的系统关联到最低的分支，形成一条完整的脉络，读图的方式也应该是逐级逐步地按照这个脉络来深入。只有把所有的导图内容全部记在心里，才能跳跃式来读图。

E. 主要分支以下部分的读图顺序是从上到下。

按照顺时针顺序来制图和读图是一种习惯和约定俗成，但是在做导图的过程中，为了避免分支之间连线的麻烦，会习惯性地把主要分支按照顺时针的规则排列，对于其他次要分支，则会按照从上到下的顺序排列。尤其是当分支直接出现在主题的左边，第一次看到这种导图的初学者会不习惯。

在图 1-16 中，主题旁边的次要分支就是按照从上到下的顺序排列，而且从上到下也是一种阅读习惯。

我们一直在用大量的文字语言来解释上面导图中的逻辑内容，但是导图本身的关键词字并不多。为什么寥寥数字的短语，却需要花费这么大的文字篇幅来叙述清楚其中的意思呢？这是不是说导图本身的文字有遗漏，无法阐述清楚呢？

其实，导图所要表达的只是思维的要点，是一种简明扼要的图表，这和文章说明是有区别的。导图只需要让读图的人知道内容大意，无须过多地说明细节；而用文字叙述来阐明思维，需要长篇大论、完整不漏地表述。思维表述本身就是一件很难用文字扯清的关系。

思维导图在表述分支结构的关联性上面，使用的是关联连线，这种直观的方式很容易让人一目了然；而文字叙述想要阐明这种关系，必须要用大量的文字说明、各种解释这种关联性，解释到最后就形成了长篇大论。两下对比来看，思维导图在解释两者之间的关系上比单纯的文字更有优势。

对于一个已经熟练掌握了思维导图的人，看到上图之后，分析总结读图规则根本没有什么障碍。但对于初次接触思维导图的人来说，要解释清楚上面的图，还是需要借助文字来讲解其中的含义。在文字的帮助下再去看上图，大多数读者会很轻松地把上图中所表达的读图规则理解得清楚明白。

思维导图看起来也是由文字组成的，但是它和纯文字的文章还是有很大差异的。尤其是在解释关联分支的关系上，思维导图有自己独特的方式，在学习思维导图的过程中，要学会理解和欣赏思维导图的魅力。

2. 读图三大"潜规则"

思维导图的读图除了两大基本规则之外，还有三大"潜规则"。所谓三大"潜规则"就是不成文的约定。

下面来列举一下这三个方面的内容。

（1）每一个分支的兴趣点不一定相同。读图是阅读者对创作者的思维理解和再加工的过程，即使是创作者自己做的思维导图，也不可能一字不漏地重复自己创作的作品。所以，读图者在创作者的导图上面有自己的思维取舍是一件很正常的事。读图者有必要用最快捷的方式在导图中寻找到自己的兴趣点。

（2）个性化分支有助于识记。读图的过程，就是读图者对思维导图再进行思维上的选择和判断、认同或反对的过程。这是对思维导图本身的一种完善，也是对创作者思维的一种再现。思维导图是系统性的思维，读图者读图之后，必然会在这个系统中选择一个分支作为自己的"珍藏"记忆，这就是个性化的分支，应予以标识，便于以后的记忆。

（3）结构与内容不要改变，但联系可以有所变化。读书做笔记是一个正常的行为，在读思维导图的过程中，我们可以适当地对原图做一些修改，但是切记不能改变原图的结构和内容。假如我们有了成熟的修改意见之后，可以试着对原作进行再加工。

3. 读图时的标记工具

思维导图是凝练后的思维，读图的过程就是对原图记录的思维上的再思维。原图的分支逻辑其实就是对读图者思维进行导向，读图者阅读中的选择和判断、认同或反对，都是对导图中的思维进行加强和再现；读图之后，读图者的学习和启发、完善和补充原图，都是再一次对导图思维的创造。

在读图的过程中，我们头脑中浮现的就是对导图中思维的再现和加强。导图层级上的关键字是非常简洁精炼的，读图者在读图的时候，一定会有自己的思维加工。这种思维上的补充和理解，及时地把它记录下来是很有必要的。做笔记是一种好的阅读习惯，正所谓"好记性不如一个烂笔头"，在阅读过程中做笔记不一定就是为了查看，但是记与不记，还是有差别的。

（1）传统的手段。一般常用的做标记的办法有：改变字体的颜色、大小、背景色；或者是画上线条、调整一下格式、标注一下文字等等。

思维导图为了方便读图者做笔记，功能界面左侧第一个功能就是笔记功能，下面来讲一下这个功能的应用。如图 1-16：

图 1-16 "笔记"功能区

这里不用去逐一地讲解这个功能里面的每一个命令，我们可以利用一幅导图就可以把它完整清楚地表现出来。如图 1-17：

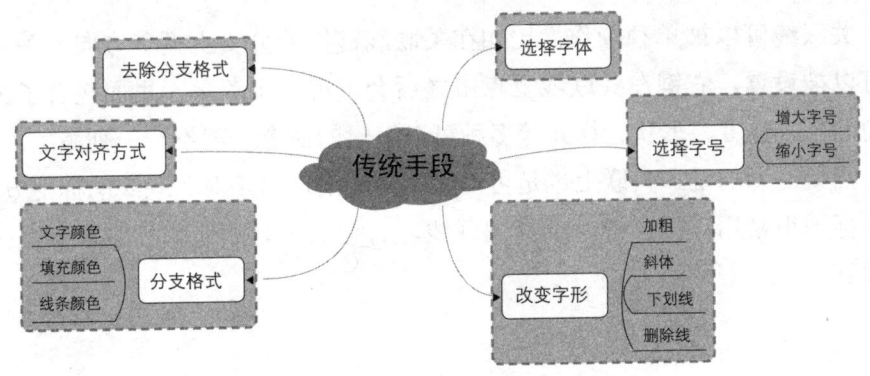

图 1-17 "笔记"区域中的命令功能

做标记本身就是对分支改变，是读图者对导图的记忆点。

（2）图标与插图。　在标注个性化分支的时候，图标和插图是非常好的工具。东尼·博赞在《思维导图——放射性思维》一书中，专门提到过思维导图中的插图使用，这是思维导图作图功能的一项要求。使用过MindManager 这一软件的人，都知道它有丰富的图标。

但是在电子导图里面，插图和图标根本不是一回事。使用过程有很多的技巧，在后面的章节中会重点讲解插图和图标的用法。

（3）增加关联线。在导图中选择一个分支，然后选择点击，再在菜单栏里找到"插入关联线"命令。这个时候，界面上就会出现一条带箭头的关联线，我们再点击需要关联的下一个分支。这样操作就很容易在两个分支之间实现关联。

在"主工具栏"功能界面上选择"关联线"命令，然后分别单击两个分支，就可以在这两个分支之间增加一条关联线，如图所示：

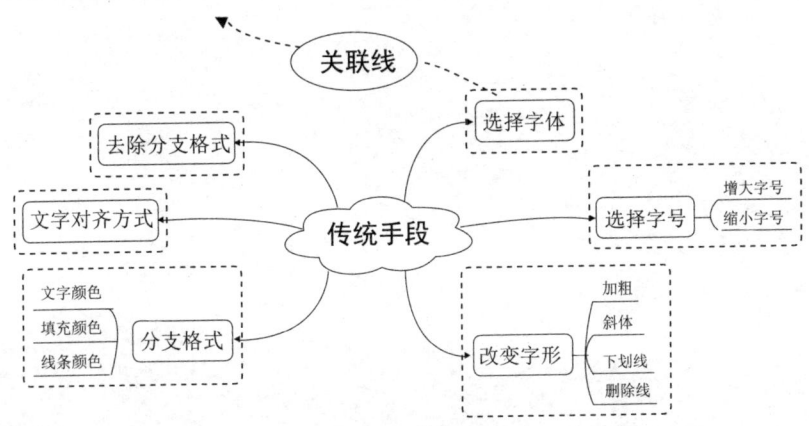

图 1-18 导图上菜单栏关联线的使用

关联线可以被单独操作，比如在关联线链接的分支上调节方向。关联线还可以被设置，右键在关联线上点击之后会出现一个菜单，里面包含了关联线的颜色、宽度、形状、样式等多种可以编辑的命令，就不一一列举了。

需要注意的是，关联上也是可以编辑标签的，这是对关联线的标记方式。这种标记很常用。同样的，选择关联线，右键点击之后在弹出的编辑框内可以找到。

第二章
发散性思维的最佳表达——思维导图优势

作为一种表达发散性思维的图形化工具，思维导图采用的是图文并茂的形式，在主题关键词和各级分支之间建立有效的连接。一方面，它具有清晰全面、层次分明、重点突出的特点；另一方面，它也可以增强记忆、训练思维。

在上一章的内容中，介绍了思维导图的入门知识，那么在本章，笔者将继续为大家解答为什么要做思维导图的问题。

本章内容如下：
➤传统线性笔记的四大劣势
➤思维导图的五大主要优势
➤思维导图的作用和好处
➤思维导图具有科学合理性
➤思维导图具有普遍适用性

2.1 传统线性笔记的四大劣势

东尼·博赞称传统的笔记为线性笔记。如今，虽然思维导图已经被大多数人所熟知，但是仍然有许多人会采用传统的笔记来记录信息。需要注意的是，这种传统的笔记方法往往存在非常致命的弱点。

一般来说，传统的线性笔记主要包括以下三种方式：

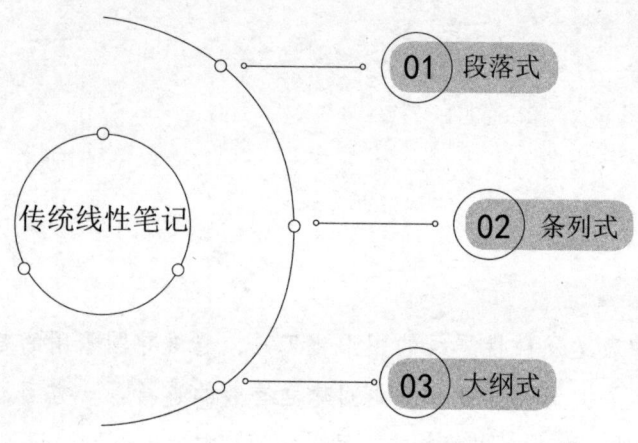

图 2-1 传统的线性笔记三种记录方式

● 段落式：把需要记录的信息和内容完整地记录下来。

● 条列式：用列表的形式分点将信息和内容中的要点记录下来。

● 大纲式：依据需要记录信息内容的层级、次序，以大纲结构的形式把信息记录下来。

不可否认的是，以上所提到的这三种传统笔记的记录方式的确可以起到辅助我们增强记忆的作用，但这类记录方式也存在着一些较为明显的劣势，归纳起来，主要有以下四点：

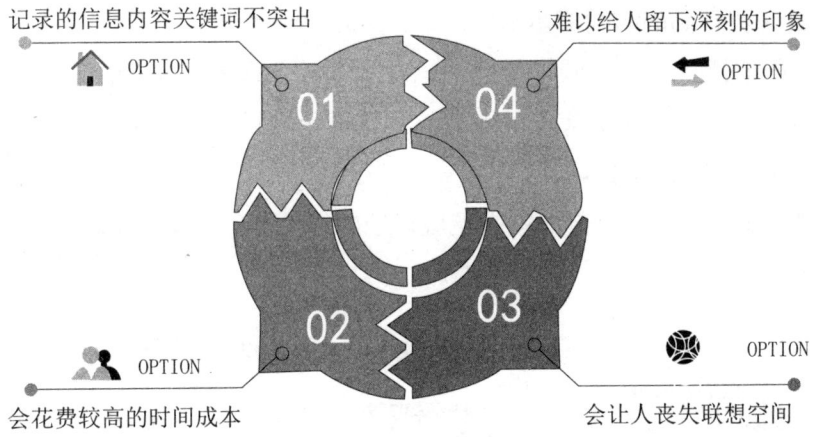

图 2-2 传统线性笔记的劣势

1. 记录的信息内容关键词不突出

关键词有着提高记忆力的重要作用，因为它是所记录信息和内容的浓缩。传统的线性笔记一般并不存在关键词，而只是笼统地将信息做一个全面的记录，是非常不利于记忆的。

但是有关键词的思维导图就不一样了。当我们在看思维导图的时候，只需要通过几个简单的关键词，往往就能对所记录的内容有大致的了解。因为有了思维导图的存在，我们想要记住信息内容的大概，只需要记住几个主要的关键词就可以了。

说到这里，可能有人会问，为何在传统的线性笔记中无法突出关键词呢？这是由于传统的线性笔记为确保记录内容的完整性，一味地追求让读者能通过笔记中的内容了解全面的信息，所以不得不使用大量的语句，而忽略了关键词的运用。

2. 难以给人留下深刻的印象

传统的线性笔记虽然可以较为全面详细地记录信息内容，但却不能给记录者留下深刻的印象。这是由于很多人为了尽量详尽地记录下信息，会全神贯注地听和写，从而忽视了记忆和理解信息。尽管这些人在做笔记时非常专注认真，但实际情况却是在做过笔记后，他们很有可能仍然不太清楚自己记录下来的主要内容是什么。

3. 会花费较高的时间成本

和上面的情况相同，同样是因为记录者常常会重复听或者看需要记录的信息内容，一味地追求记录详尽地信息，这样无疑只会在记录大量毫无意义的字句上面把时间浪费掉。

如图所示，以下三个方面就是造成传统的线性笔记时间成本增加的原因。

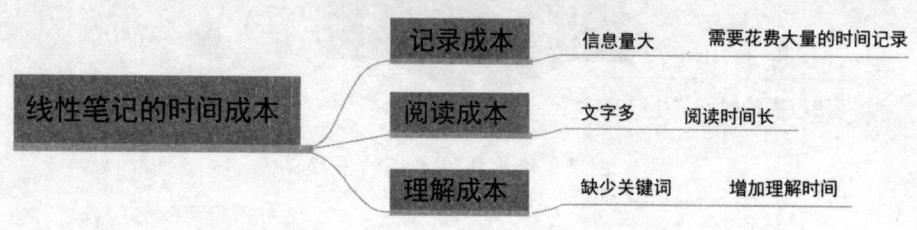

图 2-3 造成线性笔记时间成本增加的原因

同样是记录、阅读和理解信息内容，通常情况下，我们不推荐大家使用传统的线性笔记，因为记录者使用传统线性笔记时会花费大量的时间，其时间成本要远高于应用思维导图的时间成本。

4. 会让人丧失联想空间

大脑留住记忆的最佳方式之一就是联想。产生联想能加深我们对需要记住的信息内容的印象，以达到有效记忆的目的。比如我们想要记住一个信息内容的时候，可以将需要记住的信息和与其相似的事物联系在一起，这样记忆起来就轻松容易多了。

而传统的线性笔记并没有运用自己的思维模式将其与其他相关内容联系起来，它仅仅是将我们听到、看到的信息内容复制下来，显然这种生硬照搬的记录方式会让我们丧失联想空间，只能是被动地接受外界传达的信息。

2.2 思维导图的五大主要优势

前面我们分析、了解了传统线性笔记的劣势，通过对比，思维导图的独特优势便显而易见了。归纳起来，思维导图的优势主要表现在以下五大方面：

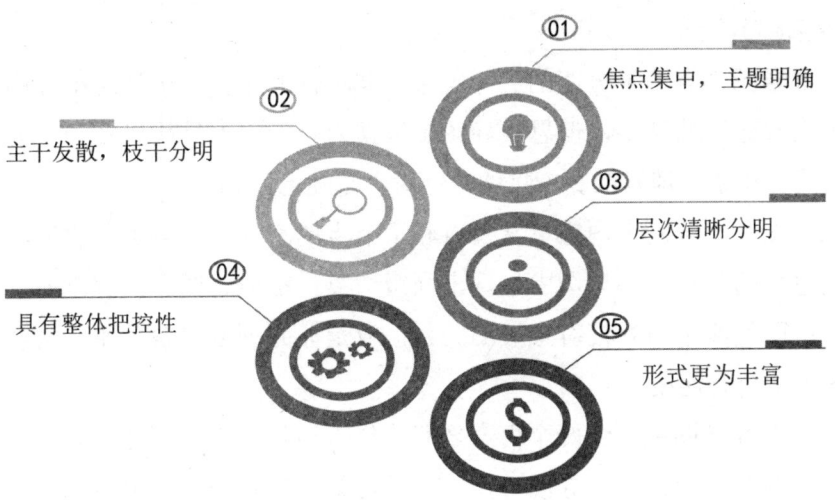

图 2-4 思维导图的五大优势

1. 焦点集中，主题明确

所有的思维导图都有一个中心主题，这个中心主题位于整个思维导图中最醒目的位置，这就是思维导图与传统的线性笔记最大的区别。

思维导图的中心主题就好比是一篇文章的标题，它是整个思维导图的核心。一个完美的思维导图，中心主题可以不出彩，但是一定要是整个思维导图的概括和总结，同时能瞬间抓住读图者的眼球。

从这个层面来说，与传统线性笔记相比，思维导图最大的优势就是其焦点集中，主题明确。

2. 主干发散，枝干分明

关键词和连接线是思维导图中最主要的要素，在任何一个思维导图中，关键词和连接线都是必不可少的。

尽管一个思维发散性较强的思维导图看上去内容会很多，但它绝不是一片混乱，而是主次分明，我们可以从中很快地找到其主干和分支。由于思维导图的主干发散、枝干分明，绘制者向读图者展示了清晰明朗的思维脉络，因此读图者可以依据父节点、子节点有序地阅读思维导图。

总之，思维导图是具有非常清晰的条理和脉络的，读图者几乎不会出现看不懂的情况。

3. 层次清晰分明

每个思维导图都有清晰分明的层次关系，逻辑性非常强。虽说思维导图是绘制者思维发散后的结果，但思维导图是依据内容的内部结构以及一定的规律，有逻辑、有条理地发散和安排的，绝对不是随意而为。

在思维导图中，若两个内容以父节点和子节点的方式出现，那么它们就是包含与被包含的关系；如果图中呈现出同级节点，那么这两个内容就属于并列的关系；即使两个内容没有直接的关系，或是非并列或包含关系，两者在思维导图中也会有连线。

因此，在思维导图中不管两个内容之间是什么样的关系，都能够具体地表现出来。读图者在阅读思维导图时，可以通过某个内容与中心节点、主节点等内容的关系，清楚地知道其处于什么层级。

4. 具有整体把控性

与思维导图不同，传统的线性笔记几乎都是以纯文字的形式记录下来的，略显枯燥乏味。而思维导图除了有文字表达的关键词外，还有恰当合理的连接线和图形等。

大多数时候，读图者甚至可以通过几个简单的图形或关键词，联想出这个思维导图所表现的内容和含义。因为，尽管思维导图上写和画的内容比传统的线性笔记记录的内容看起来少，但是它所包含的信息量却要比传统的线性笔记所包含的信息量更多。

由此我们可以看出，比起传统线性笔记，思维导图对于中心主题相关内容的把控和诠释要全面得多。通常情况下，在记录信息内容的时候，我们总会遇到无法用文字解释清楚的情况，但由于图形可以表述出文字很难描述清楚的信息内容，这时，思维导图中的图形表现形式就突显了它的优势。因此，我们想要表达的信息和内容通过思维导图能更完整地呈现出来。

5. 形式更为丰富

相比传统的线性笔记，思维导图从表现形式上看要更为丰富。因为传统的线性笔记仅仅使用文字表达信息和内容，过于枯燥；而思维导图形式多样，包含有文字、图形、代码、线条，以及丰富的色彩等，具有艺术性的同时，更能有利于读图者产生联想，加深印象和记忆。

　　以上我们归纳总结了思维导图的具体优势，相信通过对本节内容的学习，大家对于思维导图也一定有了更全面的了解。

2.3 思维导图的作用和好处

　　既然越来越多的人都开始使用思维导图，那么思维导图究竟有哪些作用呢？利用思维导图我们又可以做什么呢？

　　思维导图具有非常广泛的作用，在这里我们主要概括为以下三点：

1. 思维导图的三大作用

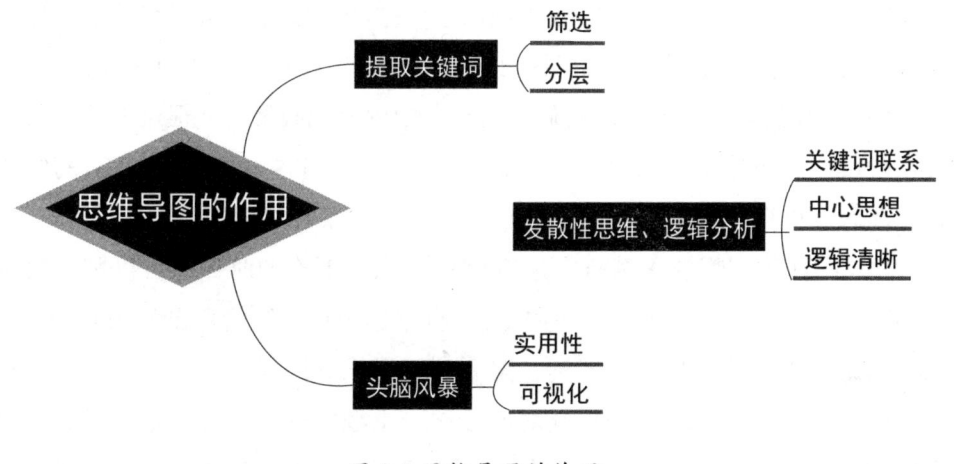

图 2-5 思维导图的作用

　　（1）在思考过程中帮我们提取关键词。思维导图具有发散性，它让人类大脑思维实现了可视化，当我们想要针对某一个主题发挥想象力，进行发散思维的时候，思维导图可以将我们在思考过程中所想到的内容的关键字提取出来并进行记录。

　　因此，在绘制思维导图的过程中，需要对一个个关键词进行筛选，这一过程充分调动起人类左右大脑，使其保留与中心主题最为切合的关键词，并将其作为主要分支点，为下一层分支做好铺垫。

　　思维导图的这种提取人类大脑思维关键词的方式，不仅有助于开发大脑，而且还在潜移默化中让我们的注意力更加集中，并提高我们的创新力和思考力。提取关键词的过程其实也是逻辑思维梳理的过程，这让我们的思路变得更加清晰，更具层次感，也能更加充分地展示出我们的逻辑思维。

（2）可以帮我们发散思维并进行逻辑性分析决策。前面我们讲过，思维导图具有发散性，这一点非常符合人类大脑的思维方式。绘制思维导图可以让我们用发散性的思维将大脑中杂乱无章的信息进行逻辑性的梳理，从而得出最终结论，并针对此做出下一步的决策，这就是逻辑性分析决策。

利用思维导图进行逻辑性分析决策的时候，大脑中的所有关键词都会一一呈现出来，然后我们可以根据这些关键词与中心主题的关系，将它们有层次、有逻辑地一一连接起来，最后组成一个较为完善的系统。思维导图所展现的信息不仅全面，而且较为精练，它将中心主题与一系列有效信息进行结合，具有很强的针对性，对于提出观点、做出结论或决策大有裨益。

例1：我们在读一本书的时候，由于书中内容比较散乱，很难把控中心，我们就可以利用思维导图对每一个章节进行逻辑分析，找出所有章节的中心思想之后，再将其进行综合分析，最终便可以提炼出这本书的主题。

例2：当我们想要去某一个地方旅行又犹豫不决的时候，可以利用思维导图对去这个地方旅行进行全面的分析，将这趟旅行可能给自己带来的好处，以及出游会带来的坏处进行罗列。然后利用思维导图找到与去这个地方旅行相关联的所有主节点，并分析其对旅行这一主题的影响程度，最终找到影响出行的主观因素，以助我们更好地决定到底要不要出去旅行。

思维导图能帮助我们进行逻辑性分析决策这一作用，不仅可以让我们了解自己的大脑思维，了解自我，同时还能让我们发现一些日常生活、学习或工作中经常被忽略的思维抑或想法，让我们考虑更为全面，也更能做出优化决策。

（3）可以帮我们实现头脑风暴。东尼·博赞先生认为思维导图是从0到1的过程。人类大脑通过一系列放射性思维，会逐渐变得更加灵活，这样一来就更容易实现思维的创新和突破。因此，很多高校和企业都在试图将思维导图融入学习和工作当中，以求实现头脑风暴，得到更大的提升。

那么具体说来，思维导图是如何帮我们实现头脑风暴的呢？

当我们在绘制思维导图的时候，首先需要在一张白纸的中央或较为明显的位置画一个与主题相关的图像，并把主题关键词写出来；接着可以发挥想象，将与主题相关的所有内容都罗列出来，在这一过程中，不用担心自己所罗列的内容到底有没有用，到底符不符合主题，只要是自己想到的，都可以罗列在主题四周，想到的内容越多越好；然后，设法将这些与主题相关的所有内容进行有效连接；最后一步便是筛选，将最切合主题的内容筛选出来即可。这个完整的过程便是思维导图帮助我们实现头脑风暴的过程。

头脑风暴让人类大脑更具创新性，如上面所讲，利用思维导图实现头脑风暴其实就是将大脑中想到的所有信息进行罗列、联系并筛选的过程，经过一系列总结和分析，实现从 0 到 1，从无到有。

思维导图的三大作用使其越来越受到人们的重视，并逐渐广泛应用于人类的生活、学习和工作中来。

2. 思维导图的三大好处

思维导图与人类大脑思维模式相符合，并融合了大脑放射性思考能力和感官学习特性，因此逐渐被更多的人认可和接受，思维导图帮助人类激发潜能，提高创新力、记忆力和组织力，具有以下三大好处：

（1）帮助我们更有效地分析问题。不管做什么事情，难免会遇到各种各样的问题，想要解决问题，首先要分析问题，而思维导图的可视化便有效提高了人类分析问题的能力。

首先可以将需要分析的问题要点进行罗列，然后利用思维导图发散思维的特点对所有的要点进行发散性分析，寻求多种解决方法。这样一来，整个分析问题的过程其实是清晰明了的，能够让我们明确找到分析的方向。

那么为什么思维导图可以帮助我们有效分析问题呢？

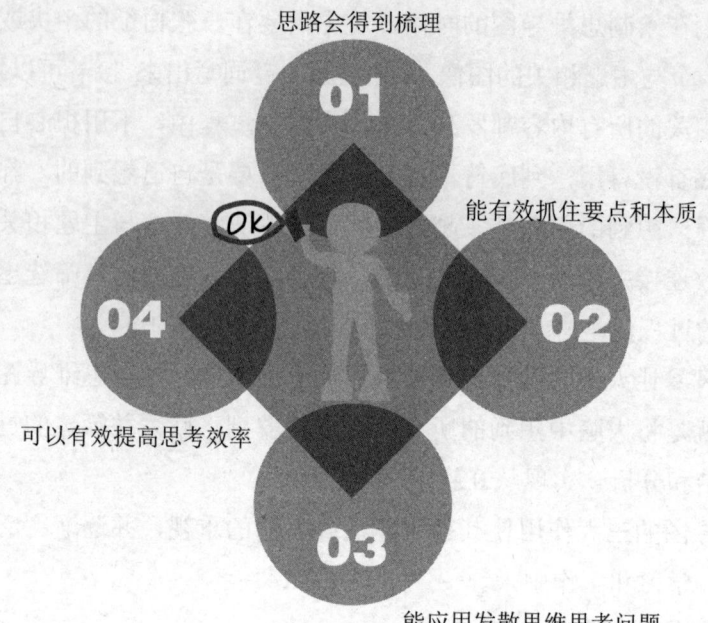

思路会得到梳理

能有效抓住要点和本质

可以有效提高思考效率

能应用发散思维思考问题

图 2-6 思维导图分析问题的四个作用

A. 在思维导图的帮助下，我们的思路会更清晰。不管是上台作演讲、打辩论赛还是写论文或者思考问题，都离不开清晰的思路，只有思路清晰了，才更容易实现自己的目标。而思维导图的分支层次分明，非常有助于我们梳理脉络、理清思路。

B. 在思维导图的帮助下，我们更容易抓住问题的关键。绘制思维导图时会用到一系列关键词，而在我们寻找、总结、抓住关键词的过程中，大脑思维会不断拓展，通过思考、总结和归纳，最终让我们抓住问题的关键，提炼出本质要点。

C. 在思维导图的帮助下，我们思考问题更灵活。思维导图具有发散性，因此在绘制利用思维导图的时候，人脑也会进行发散性思维。众所周知，懒惰是人的天性，一旦找到问题的解决方法之后，很多人都不愿意再去寻求是否还有其他的解决方案，但思维导图的发散性则有效帮助人类克服这一劣根性，督促我们通过发散性思维激活大脑，找到更多的解决方法。

D. 在思维导图的帮助下，我们的思考效率可以得到提升。思考的过程很复杂，而复杂的问题更需要不断思考和记忆，让人烦恼的是，思考和记忆这两件事都不是那么容易就能办到的，需要消耗大量的时间和精力。而利用思维导图，我们可以将头脑中思考的重点体现在纸上，这样在下一步思考时就不必回头复习记忆，有效降低大脑的压力，并提高我们思考的效率。因此，在思维导图的帮助下，我们的思考效率可以得到提升。

（2）有助于大脑处理信息。思维导图有助于大脑更好地处理信息，因为信息量越多，大脑压力越大，而思维导图则将繁冗的信息量用关键字、图像、线条和各种色彩体现出来，更具可视化，不仅可以提高人类的兴趣，而且便于记忆，符合人类大脑处理信息的思维模式。思维导图这一强大的优势能够有效地帮助我们处理各种问题。例如工作时可以绘制工作计划、会议管理、客户服务等方面的思维导图；学习时可以绘制笔记、演讲、论文等方面的思维导图；准备考试时还可以绘制复习资料、学习规划等方面的思维导图。总之，无论做什么事，都可以利用思维导图来帮助大脑处理信息，这样可以极大地提高我们的学习和工作效率。

比如，我们现在要组织一个研讨会，那么如何利用思维导图处理研讨会中出现的各种信息呢？

研讨会上经常会出现两种场景，第一种场景是众说纷纭，所有人都急于表达自己的想法，想到什么就脱口而出，因此很难把控主题，这容易让研讨显得毫无章法，不仅浪费时间，问题最终也没有解决。第二种场景则是人人都在思考自己该如何说，而不去认真听一听别人的想法，这样一来同样是各顾各的，最终没办法统一意见，找到完善的解决方法，因此整个研讨会也失去了其本质意义。

用思维导图组织研讨会就可以避免出现以上现象。在研讨会上可以设置一个白板，在白板中心的位置写下这次研讨会的主题以及与其相关的副主题，让与会人员了解本次研讨会的中心内容。

接着让所有人按照一定的顺序发表自己的观点，然后自行在白板上依次写下自己所说内容的关键词，这一阶段完成之后，白板上就会呈现出一幅思维导图，每个人既可以看到自己的观点，同时也能看到别人的观点，通过对比讨论和筛选，便可以总结出最后的议题。

由此可见，在研讨会中使用思维导图有以下几个优势：

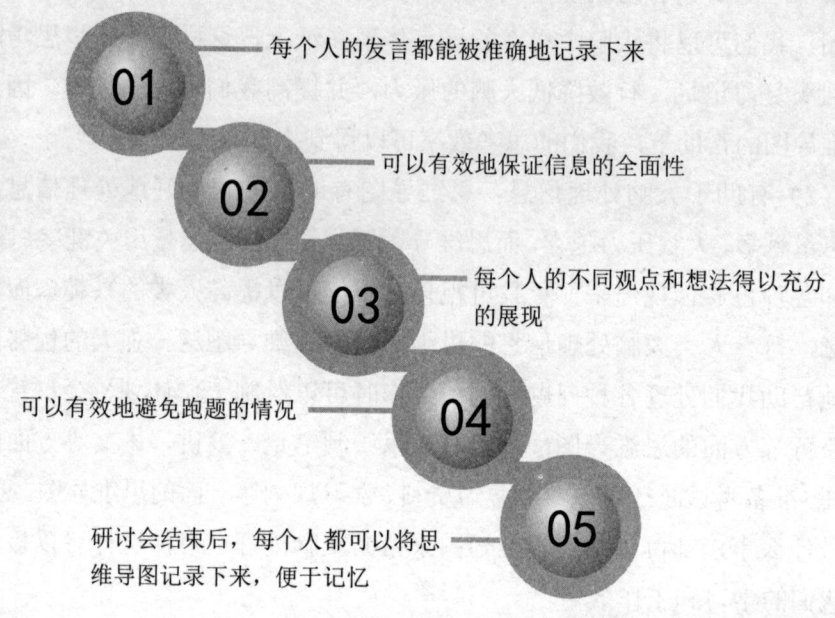

01　每个人的发言都能被准确地记录下来

02　可以有效地保证信息的全面性

03　每个人的不同观点和想法得以充分的展现

可以有效地避免跑题的情况　04

研讨会结束后，每个人都可以将思维导图记录下来，便于记忆　05

图 2-7 研讨会中应用思维导图的好处

利用思维导图处理信息不仅可以将所有信息内容进行有效而紧密的连接，而且还能让繁杂的信息实现有序化，方便我们查看和记忆。

（3）能够激活右脑。使用思维导图可以让左右大脑有机结合起来，实现最大化的开发和运转，帮助人们提高记忆力和思考力。

无论是生活、学习还是工作，人们使用右脑的频率相对较低，甚至一部分人的右脑处于睡眠状态。而在绘制思维导图的时候，需要左右脑同时开工，因此，思维导图对右脑的开发具有积极的促进作用。由于右脑的以上特性，因此便有了"右脑是属于天才的大脑"这一说法，因此，多用思维导图来分析和解决问题，从某种程度上讲可以让我们变得更聪明。

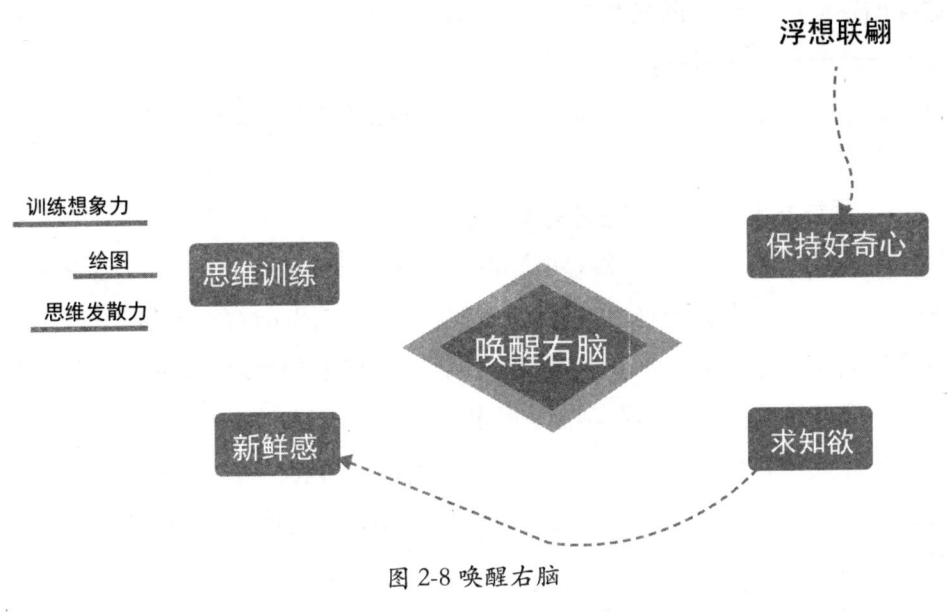

图 2-8 唤醒右脑

　　达·芬奇为什么能通过一面之缘便可以清楚地记住一个陌生人的长相？拿破仑为什么可以记住手下所有人的名字和长相……人脑的潜能是无限的，只要充分唤醒右脑，挖掘大脑潜能，才能让自己的思维能力得到有效改善。正如我们在前面强调的，绘制思维导图就是唤醒右脑的有效途径，因此，所用思维导图来分析和解决问题，这样主管理性逻辑思维的左脑与主管感性形象思维的右脑便可以有机地结合起来，让我们的创造力和想象力得到有效提升！

　　以上为大家列举了思维导图的主要作用和好处，当然，在实际的运用过程中，思维导图能发挥的作用还远不止这些，我们在这里就不一一赘述了。

2.4 思维导图具有科学合理性

　　思维导图通过其发散式特点为人类的生活、学习和工作带来了方便。它不仅可以开发大脑潜能,还可以有效提高我们的思维创造力、记忆力和组织力。绘制思维导图的过程会让我们的思维跳动起来,关于这一部分内容,在前面的章节中,我们也已经进行了详细的论述。说到这里,可能很多人又会产生这样的疑问：思维导图究竟是如何发挥作用的呢？换言之，思维导图究竟有没有一定的科学依据呢？

答案显然是肯定的。具体来说，思维导图的科学合理性主要体现在以下几个方面。

1. 思维导图符合超强记忆的基本原理

现在让你从看教科书和看电影两件事中进行选择，你会如何做出决定呢？相信大部分人会选择看电影。原因何在？因为电影有趣生动，而人类大脑恰巧就喜欢有趣生动的东西，因此，不管做任何事，想要让大脑学习和吸收，就一定要以有趣的画面感将内容呈现出来。

据相关调查显示，人类的沟通学习方式有视觉型、动觉型和听觉型三种，大部分都会自然而然地偏好于自己喜欢的类型，而思维导图则恰巧符合这三种学习形态的需求。

（1）视觉型的学习方式。偏好视觉型学习方式的人喜欢利用眼睛来学习，图像、表格、动画类信息更容易吸引他们。而思维导图集图像、文字、线条、颜色于一体，让信息内容更具视觉效果。

（2）动觉型的学习方式。偏好动觉型学习方式的人喜欢通过身体活动来直接加入学习中去，他们喜欢动手去接触、制作、模仿和体验一件事。而思维导图的绘制过程就是动手的过程，需要我们将信息内容以各种图案和线条的方式绘画出来，并且思维导图还可以让偏好动觉型学习方式的人在动手的同时也动起脑子来，实现手脑并用。

（3）听觉型的学习方式。偏好听觉型学习方式的人喜欢用耳朵和嘴巴来学习。比如听演讲、音频，跟别人探讨和辩论等，他们往往用声音来思考，思考速度可达到每秒一千次，而说话的速度则在每分钟五百字以下，因此，偏好听觉型学习方式的人大脑自我对话的速度要快于讲话的速度。

当我们在看漫画或卡通片的时候，常常会发现一个人的内心旁白出现天使与魔鬼对话的场面，这就好比我们阅读的时候会有口读和心读（默读）之分，而且在听他人发表看法的时候，我们自己的内心往往也会有旁白。除此之外，当我们想一件事的时候有时也会自言自语。人类大脑运转的速度非常快，所以我们常常会出现灵光闪现，但马上又消失的现象，而有时也会出现大脑一片空白，或者在原地打圈的现象。

思维导图可以帮助我们将那些灵光闪现的想法记录下来，并通过层次分明的逻辑力将其一一呈现出来，防止我们出现大脑空白，走进思维的怪圈。

2. 思维导图符合沟通原理

人与人之间的沟通交流不在于说，而在于听，不管说者输出多少信息量，都只是开放了一条路径，将信息传送给听者，而听者究竟有没有理解，有没有接收到信息，是说者根本无法控制的。因此与别人交流的时候不要只顾滔滔不绝地说，一定要设身处地地为听者想一想，看他们的思考力和理解力是不是能够跟上你的节奏，这样才能真正实现双向沟通。

思维导图的沟通方式大体上可以分为两种：与自己沟通和与别人沟通。

（1）与自己沟通记录。与自己沟通比较适用于自我审查和思考记录。当你的头脑混沌不堪，毫无思绪时，不妨绘制一幅思维导图，这样一来，通过慢慢地梳理，自己的思绪也会变得逐渐清晰起来。通过思维导图上图像和关键词的连接，就可以快速在脑中梳理清晰思考点的相关内容。

（2）与别人沟通：图文并茂减少对方接收的误差。与别人沟通要尽量采用图文相结合的方式，这样一来对方更容易接受，也可以降低接受信息的误差性。由于每个人思考问题的方式不同，逻辑性也不同，同一件事物在不同人的脑中会产生不同的想法，并采取不同的行动。因此沟通交流时产生误解是很正常的事。我们在与别人沟通时，要尽量让对方理解我们的想法。而思维导图所传递的信息均以图像或关键词表示，再加上适当的语言引导，接收者很容易接受我们的思路并理解我们要表达的内容，如此一来不仅可以降低信息传递的误差性，还能加深彼此的理解。

总之，思维导图是具有科学合理性的，而学会使用思维导图也是一件非常有意义的事情。希望在未来的生活和工作中，大家都可以掌握这一门"武功秘籍"。

2.5 思维导图具有普遍适用性

思维导图作为一种实用工具被发明创造出来，广泛且方便地应用于我们的生活、工作和学习中，能有效地帮助我们理清逻辑思维、加快记忆速度、提高工作效率。在思维导图的帮助下， 我们很容易就把混乱的思绪梳理得一目了然，并能很快分析出结果，作出结论。

对于表达思维所需要的重要功能，思维导图都能实现。掌握制作思维导图，可以随心所欲地释放自己的思维，并且完整、完美地一一呈现。

思维导图在实际的生活中具有普遍的适用性。在这个快速发展的时代，思维导图已经被许多人掌握并应用在众多的领域。越来越多的人，正成为思维导图的忠实"粉丝"，并通过思维导图来受益。

下面，我们来了解一下思维导图在现实生活中的具体运用。

1. 思维导图在个人学习中的应用

作为一种思维管理工具，思维导图首先应该在学习上应用。

譬如：小明是一名初三的学生，他还有三个月即将中考。小明想要考取的是一所市重点高中，但是他的成绩离那所学校还差一点点距离。这是一个尴尬的成绩，小明需要给自己做一个详细的规划。但是普通的规划图表并不能实时地反映小明的学习进度，所以小明采用了思维导图。

小明用思维导图给自己做了一个规划，首先当然是定一个目标，然后列出完成这个目标需要的时间、步骤和方法。在这份学习规划中，所有的要求和结果都被呈现出来了，小明只需要照着图表去做，他就会达到自己的目标。

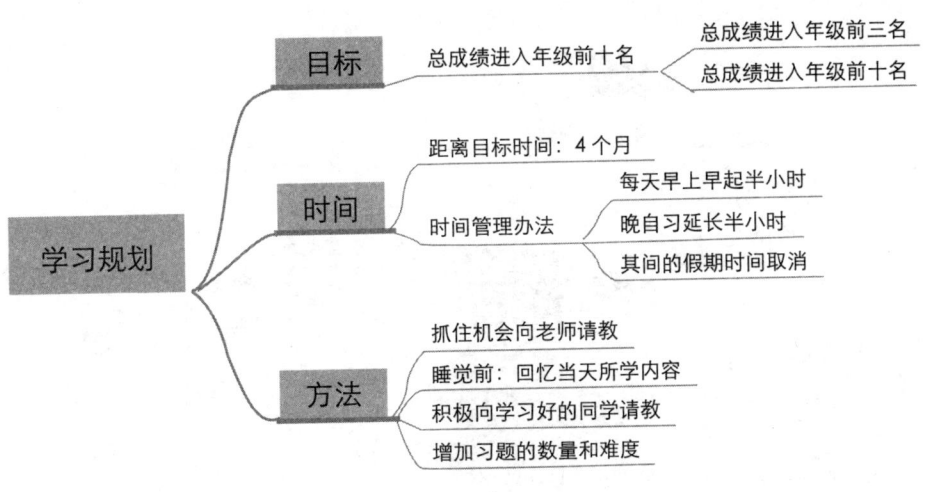

图 2-9 小明学习规划的思维导图

2. 思维导图在演讲中的应用

当我们和熟悉的朋友聊天的时候，会觉得自己的话语特别多，侃侃而谈、妙语连珠。但是当我们在大众面前演讲的时候，往往又会卡顿，感到"词穷"无语，原因正是我们没有理顺演讲思路。一场生动的演讲，并不是要求演讲者照本宣科地去朗读演讲稿，而是需要演讲者具有逻辑思维能力，并能够顺着思维的模式用完美的语句去阐述所要传达的信息。

要做到这一点，思维导图可以帮忙。

具体来说，演讲者在演讲前可以提前准备好一个思维导图，列举出思维顺序、重要词汇、例证故事，并按照对应的节点顺序排列好。在正式演讲的时候按照这个导图逐步完成整个演讲即可。这样的操作，能够让演讲者在保持主要逻辑次序和重要内容不变的情况下，能最大限度地表现出自己的风趣幽默，效果当然比照搬演讲稿要好得多。

图 2-10 "演讲"思维导图

3. 思维导图在会议组织中的应用

组织过会议、当过活动组织者的人都知道，一场大型的会议活动需要考虑的细节很琐碎，涉及方方面面复杂的事情。如果组织者因为疏忽，遗漏了某些人或事，就会对活动造成不好的影响。所以，我们需要做一份有关会议活动的思维导图，来理顺其中的关系。

在做活动策划类型的思维导图之前，我们一般会按照计划书样式来列举会议组织的一些要点，比如时间、地点、人员、议题、议程和后勤供应等等。这一类要点需要列举的名目会有很多，单纯靠文字来一样样阐述清楚其中的关联关系，需要较大和较长的篇幅来书写。如果是领导要审阅这样一份计划书，他需要花费很多时间和精力来从头看到尾审阅。

做同样的计划书，如果用思维导图的方式，根据思维导图专门演示思维和类型之间相互关联的特性，这份计划书会变得清晰简洁，一目了然。如图2-11：

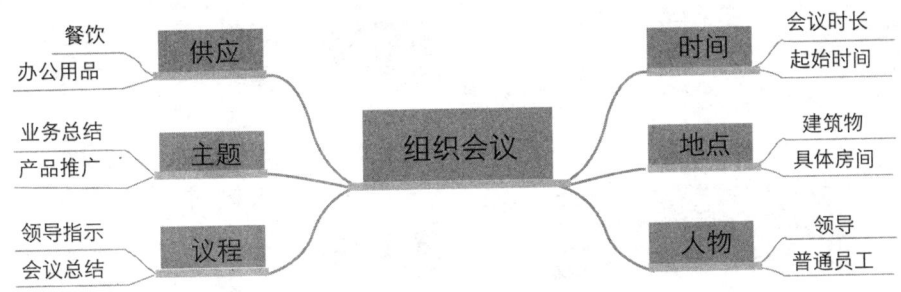

图 2-11 "组织会议"思维导图

4. 思维导图在个人时间管理上的应用

在做个人工作计划的时候，我们经常使用记事本来做。现在让我们换一种方式，用思维导图来试试看。譬如，小王是一家公司的 HR，作为一个人事，她的工作总是很零碎，每个星期的每一天工作内容都呈现"纸片化"的模式，员工的考核、面试、入职等等，全部都需要她一样一样地理顺。小王在某一个周末用思维导图为下一周的工作做了一份计划，在图 2-12 中，未来一周的工作一目了然：

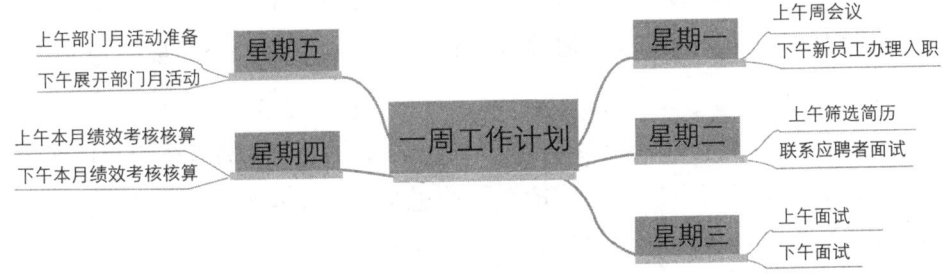

图 2-12 "一周工作计划"思维导图

5. 思维导图在家庭中的应用

现代生活中的家庭财务呈现出多样化的趋势，很多家庭财务涉及理财、房贷、车贷、教育开支等多项内容。如果能简单且方便地把收入、开支和消费情况制作出一张一目了然的图样，对于生活的便利性是不言而喻的。如图 2-13：

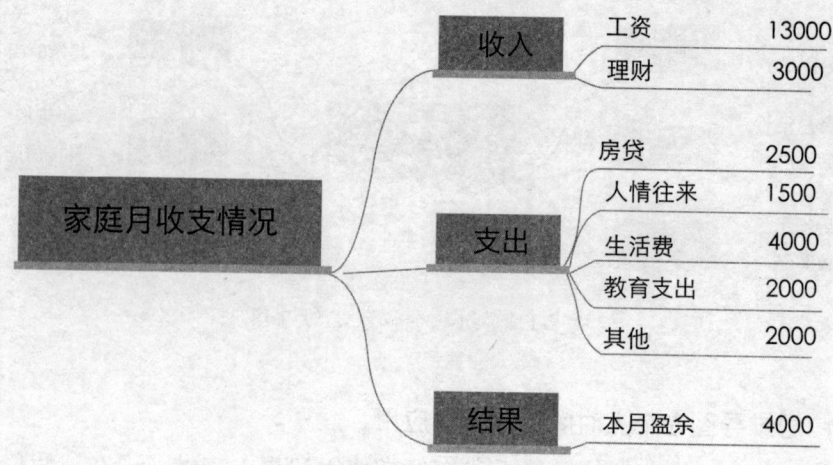

图 2-13 "家庭月收支情况"思维导图

6. 思维导图在广告策划中的应用

很多人在写策划书的时候往往有一个误区，他们习惯性使用大量文字内容来显示自己的专业性，仿佛字数少就显得不够专业、表达不清自己的观点。这种想法完全是错误的，策划者需要展示的不是策划书的厚度，也不是排列文字的能力，而是自己的策划思路以及策划方案的逻辑顺序和最终想要达到的结果。

在一个完整的策划方案里，从牵涉到的思路开始一直到方案的具体实施，都是策划者的思维在引导。如果策划人的思维出现了偏颇，整个策划案就会出现南辕北辙的结果。一份好的策划书，它不需要太多的烦琐，它要传递的意思应该是最直接、最清晰、最简明扼要的。恰好，思维导图能满足以上所有的要求。

策划人在做策划的时候，先要考虑主因素，然后接着考虑主因素下的次要因素。比如：策划人要先确定活动的主题，主题后面当然是需要征求客户对这个主题的意见；其次，还要确定活动的对象，然后再找准目标消费者的诉求；最后还要确定适合活动的产品，以及找准产品的特性等等。

如此算下来，一个主题就已经牵扯到了方方面面，而要把所有节点的关联性和关联方式一一对应起来，用简单的文字是说不清楚的。这个时候，策划者用思维导图来表述自己的策划方案，就可以让看起来一团乱麻的工作慢慢地变得有条理。如图 2-14：

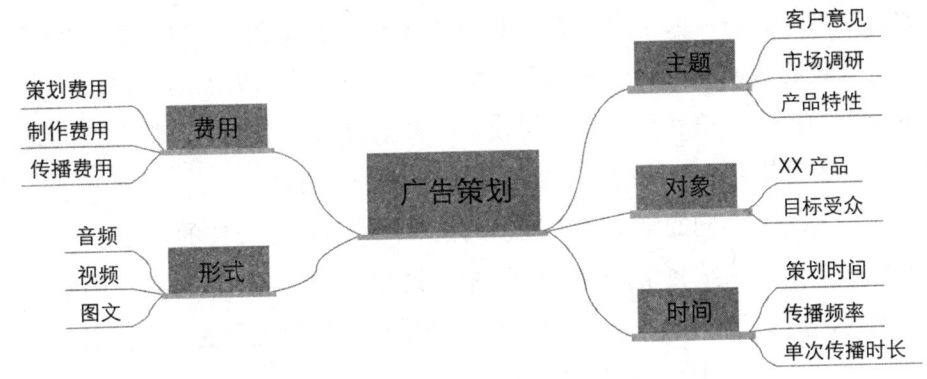

图 2-14 "广告策划"思维导图

7. 思维导图在教学中的应用

作为教育工作者，教学质量不光关乎个人的职业水准，也关乎着下一代的成长。为了更好地传承文化知识，教师需要有一个载体来准确地传递自己的授业内容。思维导图是一种非常适合在教学中运用的工具。

通常，老师在进教室之前，工作就早已经开始了。一个完整的教学流程，应该包括备课、上课、巩固知识点、授课后的总结几大步骤。

（1）备课。俗话说"不打无准备之仗"，老师的战场就是在课堂，上课堂之前当然要备课。一堂高质量的课要讲什么内容，老师们都是需要提前做好准备的。

老师的备课过程，一般会包括以下几个重要的内容：第一，一堂课要有最重要的知识点，这些知识点是能吸引学生眼球的，我们称之为"干货"；第二，作为老师，需要准备一些跟知识点配套的习题，方便在讲述的过程中加深学生对于知识点的理解；第三，一名优秀的老师，他在讲授课程的过程中是动静结合、妙语连珠、风趣幽默的，这需要老师在备课的过程中找一些额外的故事和素材来吸引学生的注意力。

（2）上课。一般老师在上课的时候，不光会讲授新的知识点，同时在课堂开课之前，也往往会回忆上一节课的主要内容。"温故而知新"是一种非常好的学习方法，聪明的老师会让复习成为学生的一种习惯，同时让知识不断地加深印象。

（3）巩固。一节课的知识点被教授完之后并非就此完事，优秀的老师在教新知识点之后一般都会布置一些习题或者作业来帮助学生加强印象和理解。这就是通常说的"巩固知识"。如果不加强新的知识点的印象，学生脑海里对新知识的印象就会变得慢慢模糊，然后淡忘。当然巩固知识点的办法有很多，布置作业和定期的考试测验，就是常用的方法。

（4）总结。不同的学生对于知识的接受能力也是不一样的，在这一点上，老师也需要认真总结教学过程中的经验。只有不断地总结，才会从中看出自己的不足，并且不断完善，分析经验教训，让自己的教学质量更趋于完美。同时，总结工作也是对自己的一种评估和巩固。

综上所述，利用思维导图，可以对教师的工作做一个"教学过程"的诠释图表：

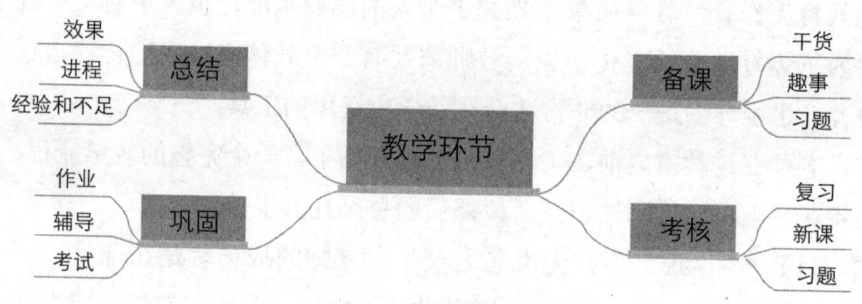

图 2-15 "教学环节"思维导图

8. 思维导图在企业考核中的应用

企业的管理者在经营管理企业的过程中，经常会需要使用到思维导图，因为思维导图本身就是一种非常高效的管理工具。

譬如：某企业对所有员工的绩效工作总结考核。这里需要考核的对象是人，不是具体的单位量。绩效考核对于一个企业的人力资源管理来说是一项难度很大的工作，因为要考核一名员工首先就必须考虑这名员工的特性。

常见的人力资源管理部门习惯性地把这部分工作分为体系设计、考核方法、数据管理、总结反馈四大数据化的量化指标来进行。但是如果想要把这么复杂的关联内容简单化，我们就需要思维导图来设置关联步骤。

图 2-16 是一个用思维导图表现的绩效考核图：

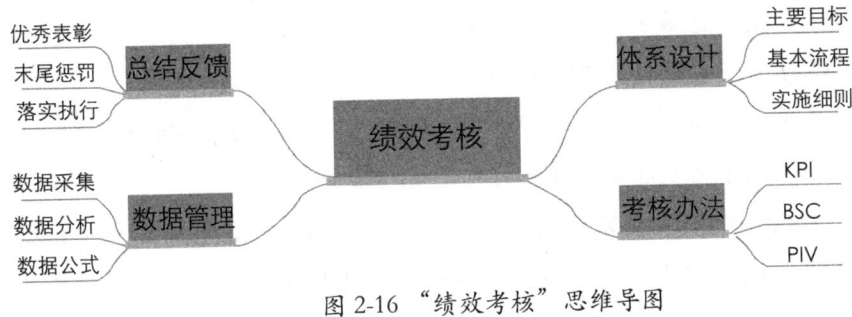

图 2-16　"绩效考核"思维导图

9. 思维导图在团队管理中的应用

　　一个团队的领导者，必须要知道团队里每一个人的优缺点，并根据成员的长短安置正确的位置，因为每个人只有在他最合适的位置上才能发挥出最大的效能。要做到这一点，就要求团队里的领导者必须是一个知人善任、组织能力极强的人。

　　思维导图的特性决定了它能帮助领导者管理好自己的团队。复杂的人员分配方案中，使用思维导图可以很清楚地依据每个团队人员的不同特点以及任务的不同性质清楚地下派任务。

　　图 2-17 就是团队管理者的"任务分配"思维导图：

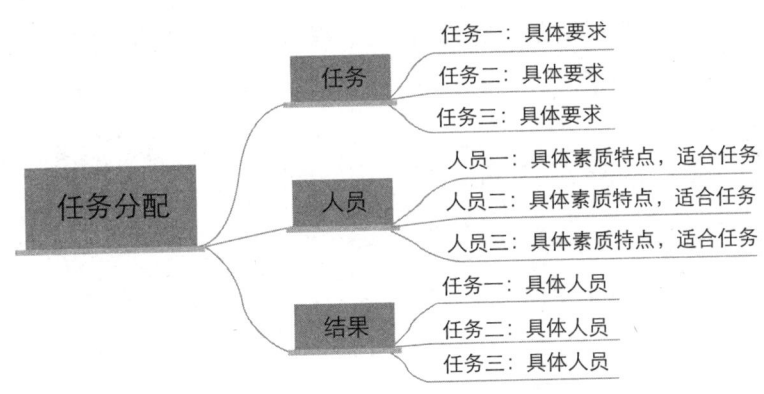

图 2-17　"任务分配"思维导图

当领导者拿到这样一份图表，自然很清楚地就能看出某个团队成员擅长做什么、需要做什么、哪一位成员虚位以待、如何加强工作效率等等内容，这对于提高团队的工作效率是非常有好处的。

10. 思维导图在政府机关中的应用

除了个人和公司之外，对于管理更加复杂的政府部门，思维导图也同样实用。最显著的例子就是思维导图在税务工作上的运用。

税务报表是一个细致又烦琐的活计，比如"营改增"，如果每一项内容都要使用文字去标注说明，这无疑是一项庞大的工作量。可是，如果用思维导图来表示，就会变得一目了然。如图2-18：

图2-18 "'营改增'政策"的思维导图

从图2-18中我们可以看出，比起一排排一列列地查找，思维导图做出的列表更清楚也更方便。

以上我们列举了思维导图在实际生活中的一些应用。事实上，思维导图的应用远远不止以上提到的几方面，在其他很多方面，它也能发挥重要的作用，这里就不再一一列举了。

第三章
磨刀不误砍柴工——使用思维导图前的思维训练

　　思维导图是一种强大的思维工具，对我们的工作、学习和生活都具有重要的指导作用。正所谓磨刀不误砍柴工，要想快速、有效地绘制出思维导图，除掌握一定的思维导图绘制方法外，更应该养成良好的思维习惯。而要做到这一点，就需要在平时多进行思维训练。

　　那么，在使用思维导图前，应该进行哪些思维训练呢？在本章的内容中，笔者将为我们详细介绍。

本章内容如下：
➤培养自己的思考力
➤训练自己的发散性思维
➤丰富自己的想象力

3.1 培养自己的思考力

在我们的学习、生活及工作中，常常会遇到很多困难阻碍我们前行的道路，明明自己很努力了，但仍然无法达到期望的高度，甚至很多时候还不如他人，常常会觉得自卑。

为什么会出现这种情况呢？难道我们真的比别人差吗？难道是我们的努力还不够多？运气还不够好吗？为什么我们越来越浮躁，越来越无法静下心来思考呢？

其实，这一系列的问题，都是源于我们越来越缺乏思考。真实因为思考力不够，才导致了我们的灰心丧气。而思考力对于我们学习、绘制思维导图也是至关重要的。

1. 什么是思考力？

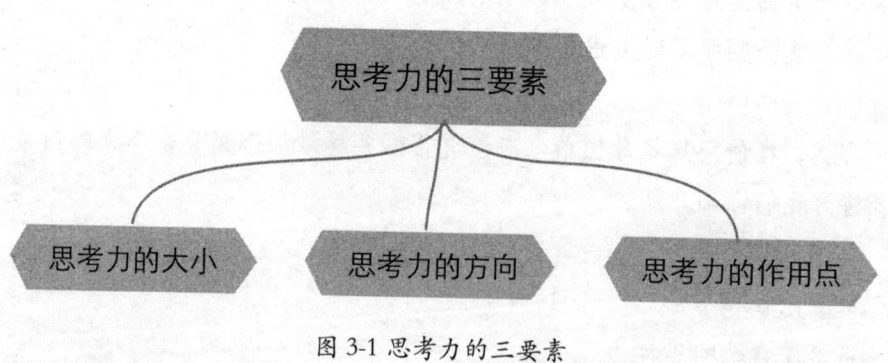

图 3-1 思考力的三要素

作用在物理学中的力一般都具备三个基本要素：大小、方向、作用点。而思考力就很类似于物理学上的力，它同样也具有三个基本要素：大小、方向、作用点。所以，我们也可以认为思考力就是在思维过程中产生的一种作用力。只不过，这种力的三大基本要素在自己的领域里都被赋予了不同的定义。

（1）思考力的大小。思考力的大小是指思考者对思考对象信息量了解的多少。如果思考者对所思考的问题一无所知，或者知之甚少，大脑里没有储备知识和信息量，那么，就无法进行相关的思考活动。

（2）思考力的方向。思考力的方向就是思考的最终目标。思考者在思考问题的时候，只有找准目标，才能对思考对象形成思路。如果目标不明确，意识就会涣散，从而导致思考力不集中，出现思维混乱的状态。

（3）思考力的作用点。思考力的作用点是指将思考力集中在思考对象上，并找准其核心部位。只有把思考的着力点作用在正确的点上，才会有源源不断的灵感涌现出来，思考的方向才不会涣散，思考才会变得相对容易。

思考力的表现形式也是多样化的，是因人而异的。比如：当别人问"什么是思考力"这个问题时，有的人会马上想出很多答案，甚至每个答案都各不相同。但也有人会一时语塞，不知道该怎么回答，这就是思考力的个体差异。

我们再举个例子，华为手机作为中国品牌，已然在世界上享有盛名，是中国自主品牌的骄傲。而华为之所以能取得这样骄人的成绩，离不开华为公司大胆的创意以及独特的设计理念。这也充分说明了华为公司的设计团队成员的思考力都是超前的。所以，进行发明创造，思考力起着至关重要的作用。

2. 思考力为什么这么重要？

我们每个人都有思考力，只有学会了思考，我们才能更好地学习、生活和工作。在现实生活中我们常常会错误地以为，只要我今天完成了一天的工作或者学习，那么，我就具有很好的思考力。事实上，真正的思考力不仅仅是机械地重复完成日复一日的事情，而更多的是一种观察、记忆、想象、探究、分析和判断。

当然，我们总是习惯于做一些简单重复的事情。比如：老师布置的作业，我们每天回家后都会按时完成作业；老板下发的任务，我们也会及时按惯性思维来处理。然而，这些并不是真正意义上的思考，而只是一种习惯模式。

真正的思考应该包含了很多心理活动，并且对中心问题进行了足够多的了解，能在大脑里呈现出一套分析的框架，能最终想出有效解决问题的办法。

这样定义之后，可能很多人会觉得拥有思考力很难，也可能会有人不知所措。其实提高自己的思考能力本身就不是一蹴而就的，需要长期大量的练习，只有这样，才会捕捉到突如其来的灵感。

伟大的物理学家牛顿，因为苹果砸到他头上而总结出了著名的"万有引力定律"，就是因为他善于思考，能够从平凡的小事件中找到不一样的信息，从而成了拥有伟大成就的人。相反，没有思考力的人，只能被动地等待机会出现，而且也未必能够抓住机会。

其实，不光是牛顿，那些著名的科学家等，无一不是具有独特的思考能力、能够从问题的根源出发，探究其原因的人。由此也可以看出，思考力对于我们的成功和成长都是非常重要的。

总而言之，一个善于思考、具备思考力的人，在做任何事情的时候都能迅速找到捷径，并获得最终的成功。同样的，在绘制思维导图的时候，只有具备了这种思考力，才能够更加得心应手。

3. 如何提高自己的思考力？

既然思考力如此重要，那么我们应该如何去提高自己的思考力呢？以下建议值得参考。

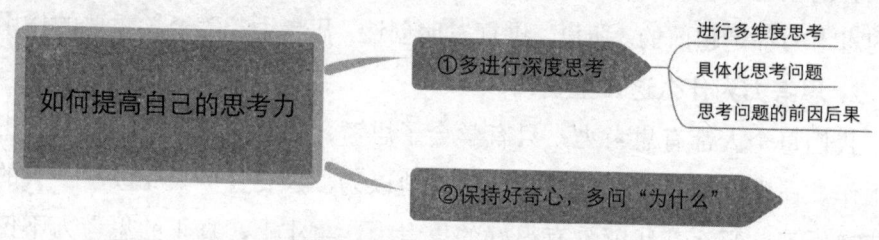

图 3-2 如何提高自己的思考力

（1）多进行深度思考。深度思考是对思考对象进行深层次的挖掘和探究，这是一种不同于普通思考的特殊思考方式，也是一项十分重要的能力。生活中，我们所见到的有成就的人士，几乎都具备深度思考能力，能够透过事物的表象看清本质，发现其问题的核心思想。

那么，我们应该如何提高自己的深度思考能力呢？简单来说，就是要做到以下三点：

A. 进行多维度思考。所谓多维度思考，就是思考者在面对一个对象的时候，要尽量从多个角度、多个层面进行观察，并做出多个分析结论，得出不同的解决方案，而不是从单一的角度展开，做肤浅的定义。

莎士比亚曾说过："一千个观众眼中就有一千个哈姆雷特。"中国也有一句古话叫："仁者见仁，智者见智。"这两句话的意思就是每个人对待任何事物都有自己的看法，对同一件事，一千个人就有可能有一千种不同的看法，所以换一个视角看，得到的结果往往也是不一样的。

而想做到这种多维度的思考并非易事，需要积累大量的知识，用丰富的知识底蕴武装自己，并能合理转换成自己的视角，来对事物进行多方面、多层次的剖析。

B. 具体化思考问题。在实际的思考过程中，只有将一个粗糙的想法，不断地打磨和细化，并及时弥补思维漏洞，加以完善具体，才能让自己的思考力进一步提升。

在现实生活中，我们的思绪总是很容易转瞬即逝，许多创意也总是灵光乍现。这就要求我们在及时抓住思绪和灵感的同时，更要将这些思绪和灵感加以完善。任何一个孤零零的想法都是没用的，起不到任何作用，只有将脑海中的想法加以填充并用具体的形式表现出来，才叫具体化思考。

在具体化思考的过程中，最重要的就是要将片面的问题具体化，将浅显的问题深度化，将思绪中没有考虑进去的因素填充完整。

C. 思考问题的前因后果。我们在思考一个对象时，首先要做到全面地了解它，所谓"知己知彼"，这里的"彼"说的就是这个意思。其次，在了解它的过程中，还务必要弄清楚它的前因后果。不要以为这是毫无意义的事情，其实不然，每个关乎这个对象的关联事物都有其存在价值。

思考本身就是一个大胆发散思维和想象的过程，不要畏手畏脚，应该深入大胆地去了解事物的核心问题，只有做到足够的了解之后，才会在思考的过程中专心致志，而不至于偏离了轨道，变得杂乱无章、毫无头绪。

（2）保持好奇心，多问"为什么"

凡事保有好奇心，是保持思维跳跃度的关键。当我们遇到自己感到好奇的事物时，通常会在脑海里闪现出无数个"为什么"，而这种好奇心正好可以推动我们对事物进行更深层次的了解和发掘。

很多人会单纯地认为好奇心只是简单地将人们大脑的思维转移到感兴趣的事物上，事实上，那是极为肤浅的看法。好奇心的本质是带动大脑飞速地运转，让我们对事物层次进行更深更全面的探究，好奇心在人们的思考过程中发挥着至关重要的作用，甚至可以说是推动人类进步的最大动力。

在这里值得注意的是，虽然好奇心对我们深入思考起着关键性的作用，但我们必须认识到只有采用好奇心导向性思维方式，才会摆脱固有的思维定势，激发出创新思维。反之，如果采用目的导向性思维方式，就会限制我们的思考，束缚我们前进的脚步，导致一根筋走到底，没有创新。

尽管好奇心也会让我们对熟悉的事物不再过多关心和在意，而只开始专注于新鲜事物的存在，这种喜新厌旧的状态，并不是我们现在所要关注的重点。我们只需明白，无论怎么样的状态，每一次好奇心出现，都会让我们的思维更活跃。

以上为大家介绍了提高思考能力的两种途径，也希望大家在实际的生活中举一反三。记住，只有拥有了良好的思考能力，我们在绘制思维导图的时候，才会更加得心应手。

3.2 训练自己的发散性思维

思维导图的本质就是人类脑中发散性思维的一种体现，所以做好发散性思维的脑力训练，是提升我们绘制思维导图的必要步骤。

1. 发散性思维与思维导图的关系

思考问题的基本方式之一就是用发散的思维去思考，而思维导图恰恰是将发散性思维和线性思维高度结合使用的全脑工具。

我们在解决一些问题的时候，思维会从各个不同的角度延伸出去，并辐射到方方面面，最终产生不同的想法和结果，这种具有扩散和放射特性的思维模式，被称为发散性思维模式。

人类的大脑之所以呈放射状的思维模式，究其原因跟大脑内部的结构有直接关系。大脑中的神经元约有一千亿个，而这一千亿个神经元负责控制着我们大脑进行思考的脑细胞。

在生物课上，老师应该给大家看过大脑里的脑细胞结构图，如果你仔细回忆，应该还会记得存在我们大脑里的脑细胞图就像一棵向四处扩散延伸的大树。通常，我们会把这棵"大树"称为树突，其中粗一点的叫轴突，细一点的叫突触小体。

从其形状看，我们大脑的思维模式就是一个发散性的状态，而大脑信息也恰恰是由这些像树枝一样的突触不断传递，最终形成图谱。因为大脑的发散是无比广阔的，具有无限可能性，绝大部分人到死也开发不到25%的大脑。

正是因为这种发散性的思维，才拓宽了我们思考力，让原本单一甚至是习惯性的思维模式，变得丰富多彩起来，而我们在绘制思维导图的时候，更要把这种发散性的思考模式运用其中，用不同的方式去展现同一问题，将发散性思维模式用到该问题的方方面面。可以说，正是因为有了思维导图与人脑的思维方式的完美契合，才使得思维导图正被越来越多的人推荐和使用。如果说人脑像自然生物一样进行着有机思维，那么发散性思维正好就恰如其分地体现了内部结构和程序，如果要用一种外在形式来呈现，那就非思维导图莫属了。

2. 发散性思维的特征

发散性思维的特征主要有以下几点：

图 3-3 发散性思维特征

（1）发散性思维具有流畅性。在大脑发散性思维中，要做到在尽可能短的时间内达到尽可能多的思维观念，并能让这种观念发挥作用，迅速流畅地运用到全新的思维概念中去，就需要保持发散性思维的流畅性。

流畅性是发散性思维的关键因素之一，它直接关系到我们在绘制思维导图的时候，能否快速拥有大量关键词供我们展现和表达其核心意思，它也决定了我们在绘制思维导图时的思维逻辑性是否合理。

（2）发散性思维具有变通性。当我们在遇到困难或是到了瓶颈期时，总是选择坐以待毙，很难打破自己习惯性的思维模式，去寻求一种新的方向进行探索。

在这个时候，我们就需要运用发散思维模式中的变通性来解决这一僵化的思维模式，但是这并不是一件容易的事。

通常，打破固有的思维定势，需要借助于横向类比、跨越类比的方法。具体来说，首先要深入了解中心问题，然后用发散的思维沿着不同方向和方面进行分析，最终克服困难，跳出固定的框架模式。

（3）发散性思维具有独特性。我们在对同一个问题进行发散性思维的时候，如若做出的反应有别于大多数人，那么就会产生一种独特性的思维模式，这种独特性本身就是一种发散性思维能力的体现。通常，只有对问题有了足够多的了解之后，我们才能产生创新性思维。

例如，刚开始我们用手机的时候，会认为手机的功能仅限于与他人联系而已。而乔布斯却另辟蹊径，引用独特的智能技术，将苹果手机带进了千家万户，从此开辟了手机智能技术新时代。于是，手机的功能不再只局限于通信，更是成了我们日常学习、工作、生活中必不可少的工具。

需要注意的是，发散性思维的最高目标就是独特性思维的培养，尽管很难做到，但是也需要我们在以后的学习中不断地积累和提升。

（4）发散性思维具有多感官性。发散性思维除了大脑的思考之外，还需要运用多种感官共同完成。

例如我们在绘制思维导图的时候，会运用色彩进行手绘，而绚丽的色彩会直接刺激我们的感官，激发一些新思路的产生，从而提高发散思维的效果和速度，彰显创新思维和发散思维的独特性。

3. 发散性思维训练实例

以一张"水果"的思维导图为例，我们在刚接触思维导图的时候，并不清楚为什么要画这样一张导图，甚至对这样的命题手足无措。说到"水果"，通常首先映入人们脑海的就是苹果、橘子、西瓜等，而通过"西瓜"，我们又会联想到"解渴、夏天、皮球"等。这种联想，实际考验的就是一种发散性思维。

那么，在实际的生活中，我们应该怎样去训练自己的发散性思维呢？

一般来说，发散性思维最基础的锻炼，就是进行由一种单一事物发散出多种事物的关联训练。下面，我们以小 A 为例，来具体地看一下她是怎样进行发散性思维的训练的。小 A 是一位宝妈，她以水果为核心关键进行的发散性思维训练如图 3-4 所示：

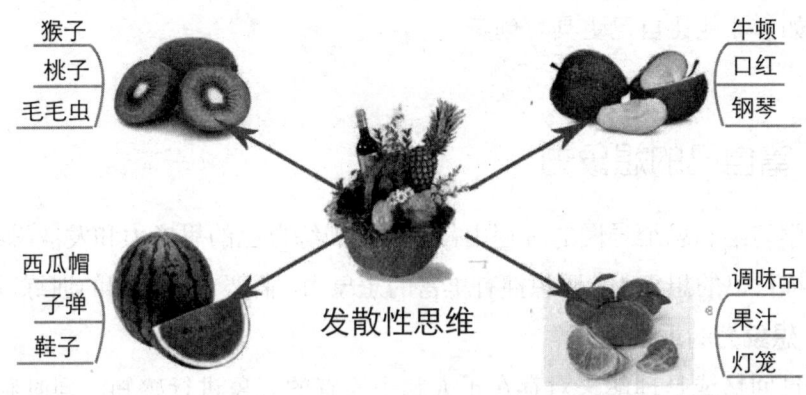

图 3-4 小 A 的发散性思维训练导图

在这张导图中，水果的色彩运用绚丽多彩，并运用晶格化渲染后立体感十足，这样一下子就让我们很清楚地意识到核心主干是水果，继而我们再去看分支，一目了然，非常清晰。

从这张导图中我们可以看到，提到水果，小 A 首先会想到猕猴桃、西瓜、橘子和苹果。而想到苹果，小 A 又会联想到牛顿、口红、钢琴。

这是因为，看到苹果，小 A 首先便联想到了砸到牛顿的那个苹果。其次，小 A 使用的是苹果手机，而小 A 的宝宝最近很喜欢用她的手机玩弹钢琴的游戏，所以看似不相关的两个事物，小 A 通过发散的思维将它们巧妙地联系到了一起。最后，苹果的红色又让小 A 想起了口红。

所以通过苹果这个主干，小 A 很容易就分解出了 "牛顿、口红、钢琴"这三个支节点上的关键词。

同样的原理，看到西瓜，小 A 就会想到"西瓜帽、子弹、鞋子"；看到猕猴桃，小 A 就会想到"猴子、桃子、毛毛虫"；看到橘子，小 A 就会想到"调味品、果汁、灯笼"等。

由此我们可以看出，一个好的思维发散模式，会让每个水果都有不尽相同的关键词出现。同样的训练，如果我们只能分支出单一一种或是重复使用一个关键词，那就说明我们在进行发散思维训练的时候，思维还比较呆板。

总之，在实际的生活中，我们只有多进行思维模式训练，努力打开自己的思路，扩展自己的想象，并高效地积累大量的知识，将发散性思维训练到灵活自如，才能让自己更具有创意。

3.3 丰富自己的想象力

在学习绘制思维导图的过程中，除了要训练自己的思考力和发散思维外，还要训练自己的想象力。要想拥有丰富的想象力，需要一个长期的训练过程。

1. 想象力的重要性

通过回忆或是理解来对存在于人脑中原有的表象进行感知，同时利用发散性思维，激发出一些新的灵感和新的思维，然后在人脑中不断地对这种新的灵感和新的思维进行创新，从而产生出新的思路，这个过程，被称为想象的过程。

通常，在发散性思维的作用之下，经过大脑的加工重组之后，我们的思想能够变得更活跃，我们的大脑会涌现出更多的新鲜事物。而通过想象，这些留在我们大脑中的新事物将不再是抽象和生硬的文字或符号，而能够变成一种直观的图像信息和一种更加高级的思维活动。这便是想象力的重要性。

这样说，可能很多人会感觉很抽象。下面，我们就以学习为例，具体来阐述一下想象力的重要性。

很多人都认为学习是一件十分枯燥的事情，尤其是写作文的时候，常常是头脑一片空白，无从下笔，于是，这些人便会发出感叹，认为学习是一件困难的事情。

事实上，如果我们能够充分运用自己的想象力，将思维无限展开，让丰富的联想空间带我们进入一个崭新的四维世界，那么，我们在写作文的时候，就能够思如泉涌、下笔生花，从而更好地获得学习的动力，摆脱学习的枯燥，找到学习乐趣。

托马斯·爱迪生说过："每个发明家都需要具备一项重要的技能，那就是想象力。因为有想象力，我们才能创造发明，发现新的事物定理。如果没有想象力，我们人类将不会有任何发展和进步。" 我们的大脑里只有先有了想象力，才会有前进的动力，很多事情不是做不到，而是想不到。如果你仔细研究一下就会发现，以前认为很多不可能做到的事情，在高速发展的今天全部都实现了。

爱因斯坦之所以能发现相对论，就是因为他能经常保持创新的想象力。牛顿能从苹果落地，取得万有引力这一科学的重大发现，也是因为他的想象力爆发。而纵观历年的诺贝尔奖得主，也无不具有丰富的想象力。由此可见，想象力是促成成功的重要因素。

当然，想象力也不是让你天马行空的瞎想，而是要以常识为基础，客观地进行思考。此外，在平时的学习、生活和工作中，要不断地接触新事物，开发新思路，不断地积累知识和总结经验，并让这些在你的头脑中留下深刻的印象，这些印象将是你进行丰富想象的宝贵素材。

2. 如何培养自己的想象力

在上文中，我已经为大家介绍了想象力的重要性，那么，在实际的生活中，我们又该如何培养和提升自己的想象力呢？以下几点建议，值得参考。

图 3-5 如何培养自己的想象力

（1）由一个事物创造出多个事物。每个事物，都会有与其相关联的其他事物。在实际的生活中，我们要学会运用自己的想象能力，学会由一个事物创造出多个事物。

并不是每个人都拥有艺术家高度创造性的大脑，很多时候，我们因为承受着种种约束，所以不敢放心大胆地打开自己的思路，生怕因为想象太过于滑稽，而遭人耻笑。这样做，其实是很不利于训练自己的思维能力的。

（2）在学习过程中，避免故步自封。所谓"读万卷书，不如行万里路"，说的就是我们不应该只注重书本中的知识，也不能成天把自己关在家里，而应该走出去，去感受外面的世界。你只有去感受了外面的人文气息，才会有人生阅历，才能激发你的灵感和无穷的想象力。而且学习的过程，本身就是书本知识与实际相结合的过程。

（3）对想象力做有针对性的训练。要想快速提升想象力，进行有针对性的训练是必不可少的。归纳为以下几点：

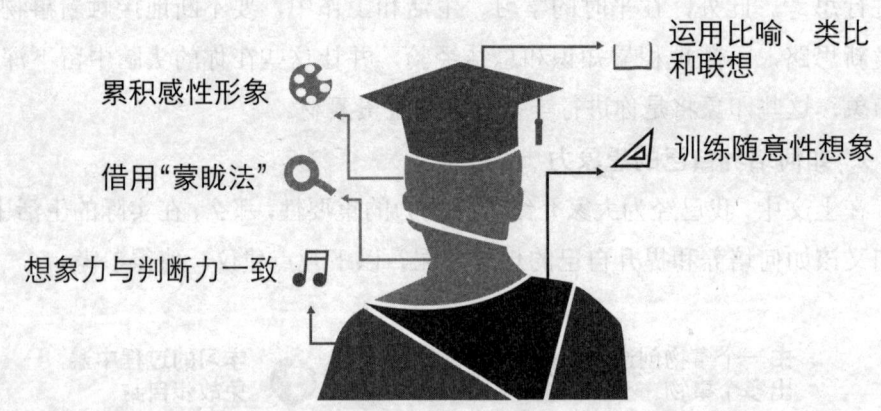

图 3-6 对想象力做有针对性的训练

A. 积累感性形象。走出去，眼界才能开阔，通过自身参与其中，才能深刻感知。去关注人类社会与自然界的各种形态及方方面面，并将其储备，成为宝贵的素材。

B. 借用"蒙眬法"。所谓的"蒙眬法"，就是指在睡意蒙眬的状态下，去触发想象和灵感，从而创造出一些新奇的事物出来。

C. 想象力与判断力达到一致。丰富的想象力，不仅需要思维活跃，而且还需要正确的判断力，这样的想象才会显得更加合理和高效。

D. 运用比喻、类比和联想。无论是我们写文章，还是谈吐上，尽量用一些比喻、类比，会让文字和话语显得更生动、易懂，也能让我们的想象力变得更活跃，看上去不是枯燥呆板的。

例如，在看书读报的时候就展开自己丰富的想象：看到一则报道，想象这种情况发生后，还会有哪些情况发生？导致的结果又会怎么？长此以往，我们可以获得更多的启迪，从中找到更多的乐趣。

E. 训练随意性想象。我们的思想不该有局限性，更不该被放在设定好的条条框框里，这样很难打开我们丰富的想象力。

正确的做法应该是放开思想，发挥丰富的想象力，不管是不着边际，还是天马行空，先去引导自己开发新领域，再根据实际情况，将不合理的地方进行改善和删除。很多这种随意性想象，在丰富我们的想象力时都发挥了很重要的作用。

3. 想象力训练实例

假如要以"狗"作为联想的中心，来写一篇文章，那么，我们就可以进行以下联想：

与狗有关的事物：狗屋、狗食、狗链、狂犬疫苗、宠物医院……

与狗有关的概念：人类的朋友、守门神、狗拿耗子、旺旺旺、导盲犬、狗不理包子、猪狗不如……

与狗有关的特征：友好、贴心、可爱、机灵、勇敢、敏捷……

狗的品种：哈士奇、松狮犬、吉娃娃、博美、金毛、泰迪、萨摩耶……

图 3-7 以"狗"作为联想中心

任何两个不相干的事物，都可以通过丰富的想象，建立起关联性。

例如手机和花草本是两个互不相干的事物，但可以通过联想将两者联系起来：手机——户外——风景——拍照——花草。

总之，通过联想，我们可以使两个看似不相及的事物关联起来。

第四章
下笔如有神——思维导图的绘制

作为一种实用的思维工具，思维导图只有被绘制出来，才能充分发挥作用。从这个角度来说，要想学习思维导图，仅仅掌握思维导图的理论知识是远远不够的，还必须学习思维导图的绘制方法。

那么，如何才能快速而完整地绘制出一幅有效的思维导图呢？在这一章中，笔者将为我们提供具体指导。

本章内容如下：
➤绘制思维导图的规则
➤如何绘制思维导图
➤绘制思维导图的禁忌与误区
➤绘制思维导图的技巧
➤思维导图的基本类型

4.1 绘制思维导图的规则

绘制思维导图要遵循自身的规则和技巧，还要合理地把握和运用，让最终的绘图符合自身的绘制习惯和需求。所谓无规矩不成方圆，思维导图也是如此。

当然，每个人思维模式的不同，就会导致每个人在绘制思维导图时呈现出不同的风格和状态。但万变不离其宗，核心规则并不会随之改变。接下来，我们看看在一般情况下，绘制导图的规则。

思维导图创始人东尼·博赞归纳总结了七条规则，如图 4-1 所示：

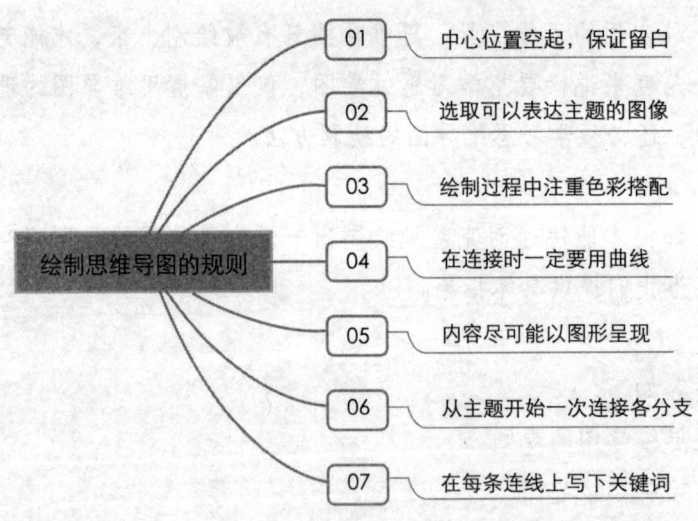

图 4-1 东尼·博赞的七条绘图规则

除了东尼·博赞总结出来的七条规则，我们在绘制思维导图的过程中也不断总结出了其他经验，还有一些绘制规则也是值得我们遵循的，如图 4-2

所示：

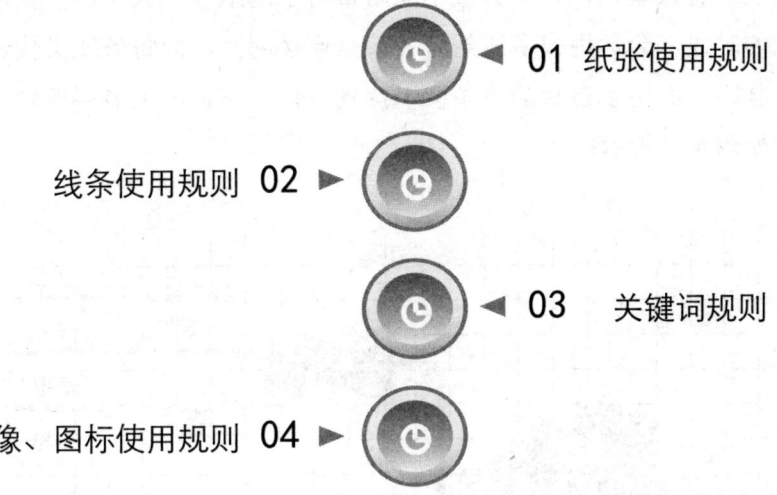

01 纸张使用规则

线条使用规则 02 ►

03 关键词规则

图像、图标使用规则 04 ►

图 4-2 绘制思维导图的规则

1. 绘制思维导图的纸张使用规则

绘制思维导图前，我们对纸张的使用也会有一定的要求。

（1）绘制思维导图时，尽量使用白纸。

我们在做事情的时候，总觉得开始是最艰难的，有时候因为准备不充分、不及时、不到位，就会导致无从下手、起步不易。但是如果开好了头，那么很多事情就会迎刃而解，变得容易、简单很多。绘制思维导图也是如此，在前期准备工作上，我们选择合适的制图纸张，会让我们在思维导图上，事半功倍、得心应手。

人的思维模式是千奇百怪的，然而随着成长经历的不断累积，我们逐渐将自己的思维模式变得保守和安全起来，很多习惯便开始趋于稳定性和大众化，我们的大脑似乎就像是笔记本中的横格线，逐渐习惯于线性思考，将思维限定在这些条条框框里，很难再有特立独行和天马行空的构想。

所以，思维导图需要一张白纸在这里就显得尤为重要了，我们决不能将自己的思维禁锢在笔记本的横格里。在一张洁白无瑕的纸上作画，才能发挥想象和联想，不断地创新和发散，才会让白纸变得丰富多彩起来。当然，白纸最好还要足够大，这样我们的思绪才会更加不受束缚，自由驰骋起来。

当然也有人会问，为什么就不能用带格子的纸呢？其实，在我们绘制思维导图的时候，会运用很多线条将各节点连接起来，而每条线又代表着各自的思维脉络，而格子自身的线条会干扰到我们，在视图上显得多余，又极不整洁，如图4-3所示：

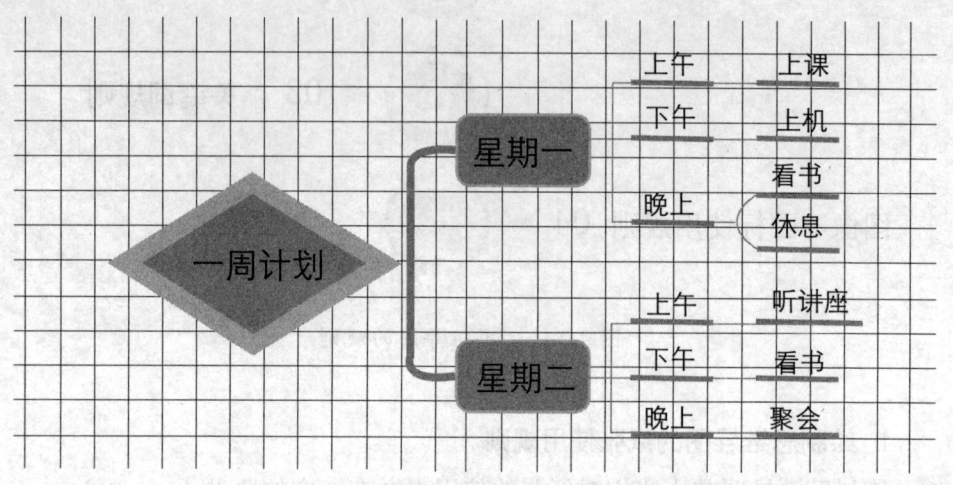

图 4-3 带格子的纸会对思维导图带来干扰

（2）思维导图的主分支数量决定纸张的摆放一般分为两种情况：

第一种情况主分支数量大于或等于4时，说明思维导图呈现的内容较多，那么纸张最好是横向摆放，中心主题绘制在思维导图的中间位置为最佳。如图4-4所示：

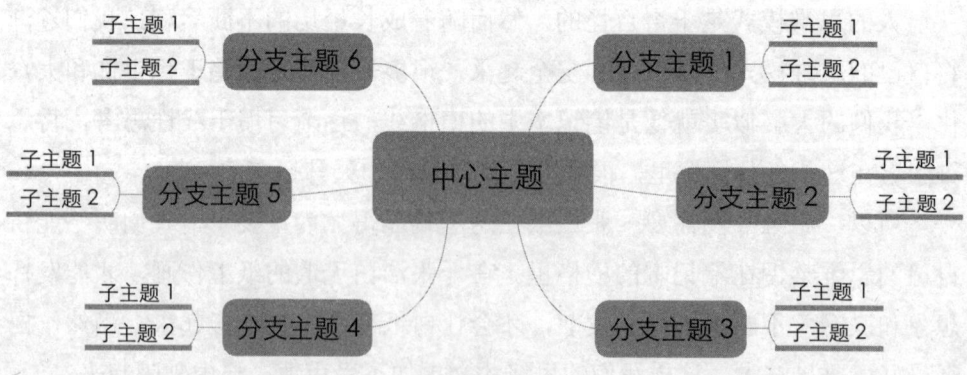

图 4-4 白纸横放示例（主题数大于4）

第二种情况就是主分支小于 4 时，说明呈现的内容较少，我们就需要把纸张纵向摆放了，这个时候的中心节点就应该放在思维导图的左边垂直中间的位置。如图 4-5 如示：

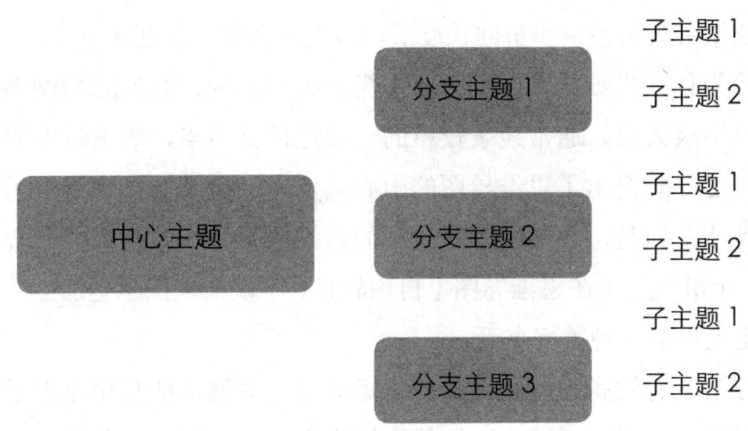

图 4-5 白纸竖方示例

当然，无论是横向摆放还是纵向摆放，最忌讳的就是将思维导图的中心节点放在白纸左上角，这样摆放既不美观，又大大束缚我们的思维发散，限制了各分支的延展方向，在视图上不仅显得杂乱无章，而且对其思维发散也有所保留。

2. 绘制思维导图的线条使用规则

虽然我们现在总是习惯于用线性思维思考问题，常常被一些条条框框禁锢思想，但最初我们的思维在未被这些"规矩"束缚之前，它们其实是发散的，要想重拾这种放射状的思维状态，绘制思维导图能起到一定的唤醒作用。

在绘制思维导图时，线条是必不可少的元素之一。线条的作用不容小觑，因为每条线都代表着思维的脉络和方向。线条用好了，思维导图从整体看上去就会显得更加生动具体，而我们应该如何运用好这些线条呢？其规则就有以下几条：

（1）尽量使用曲线绘制思维导图。在人们的潜意识里，曲线较之直线，总觉得曲线会更好看一些，因为直线给人一种很枯燥生硬的感觉，在视觉上显得格外死板，而曲线就显得流畅柔美许多，使思维导图在视觉上变得优美，让人有赏心悦目之感，我们常说的"曲线美"，也就是这个道理。

（2）关于线条的粗细和长短。我们在绘制思维导图时，对于线条的处理，不是随心所欲，胡乱作画，这里面当然是有一定讲究的。一般情况下，线条的粗细要依据层级关系，线条的长度要由线上的关键词长短来决定。

首先，为什么思维导图的线条要由粗到细来呈现，其原因归纳为两点：第一，突出层级关系，通常线条较粗的一端连接父节点，线条较细的一端连接子节点，这样既突出了思维导图的中心结点，又清晰明了地展现了各层级关系。值得注意的是，各层级之间线条的粗细应保持一致。第二，合理运用粗细线条，让粗细线条在思维导图上自由转换，不仅在视图上更加生动美观，而且在视觉上也是一种美好享受。

现在接着来看线条长度和关键的长短关系，关键词的长短决定了线条的长度。原因归纳为两点：第一，使其更加协调，关键词和线条保持一致，在思维导图上看上去相对紧凑和优美，反之，看上去就很散乱；第二，线条与文字要融为一体，线条引导文字，文字依附线条，相互适应才会让我们的思维逻辑更清晰、更缜密。

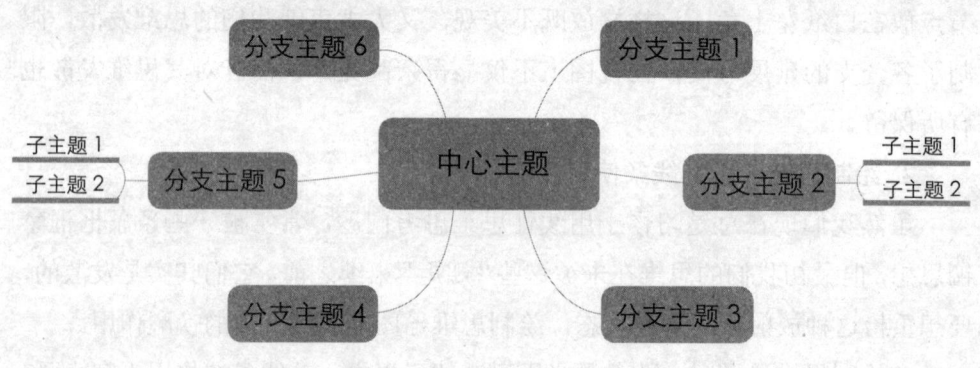

图 4-6 从粗到细的线条

（3）利用线条建立各分支之间的联系。在绘制思维导图时，我们常常发现各个不同分支的内容也会存在某种联系，这个时候，我们就需要用交叉线来注明联系。

如下图所示，在"公司管理类""财务管理类"和"知识储备"之间建立了联系,反映在思维导图上就可以采用交叉连线来确立这两个分支的联系,让人能一目了然地知道公司管理和财务管理,就是其公司内部的知识储备,体育锻炼有利于身体健康。

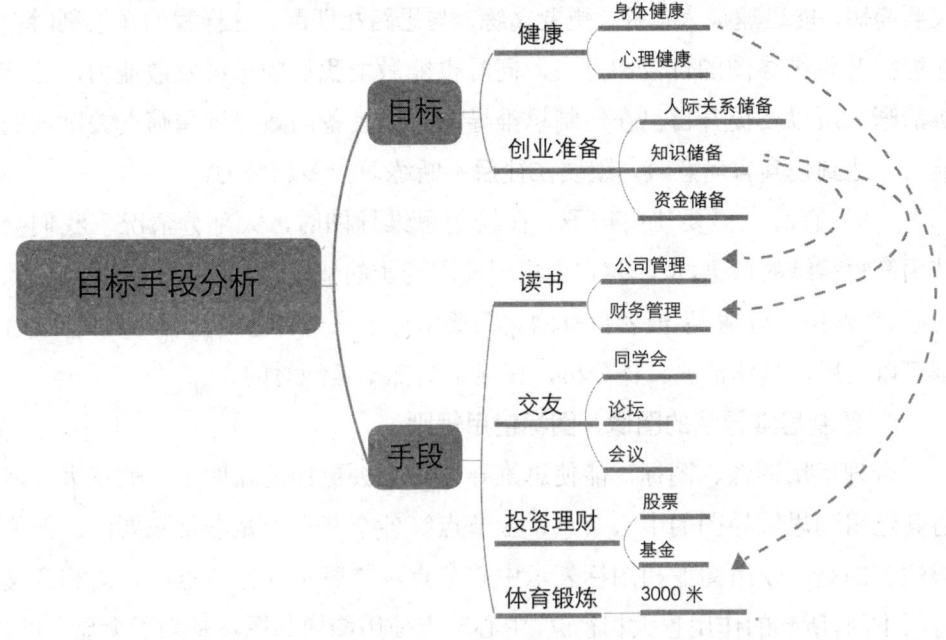

图 4-7 交叉连线的使用

3. 关键词在思维导图中的使用规则

在思维导图上最不可或缺的就是关键词,关键词的合理运用直接关系思维导图的成功与否。所以,我们来讲讲在思维导图中,如何规范合理地使用关键词。

（1）关键词在思维导图中的突出作用。既然关键词在思维导图中如此重要,那么在绘制时就要突出它的地位。我们从以下两个方面来突出关键词:第一,确保每个分支都必须要有一个关键词,而这个关键词并不是随便给的,要做到在分支上找到相对应且最合适的关键词并不是一件容易的事,对于刚接触思维导图的人来说尤为困难,这需要谨慎斟酌,筛选出恰如其分的关键词与之对应;第二,关键词在书写上也要注意粗细之分,重点词汇尽量选择用粗一点的字体显示,以便于我们能够更清楚地明白关键词在思维导图中的轻重之分，在视图上也显得更加清晰明了许多。

（2）用简短精练的短语做关键词。关键词在思维导图中起的作用毋庸置疑，导图中所有的思路和思维发散都是由关键词诠释的。好的关键词，不仅要简短，能迅速被人记住，更要精练，与思路相匹配，这样我们在绘制时，才能提升思维导图的价值和意义，同时也能激发我们的思维发散能力，让其更清晰。所以要提升自己在绘制思维导图时能具备高效提炼和筛选关键词的能力，达到使其言简意赅，就要在往后不断练习中多加努力。

（3）有时也需要使用句子。在绘制思维导图时，大部分情况下我们会使用简短精练的短语，但偶尔也会出现使用句子的情况。比如导图中需要诗句、对联、特殊用语等情况；或者自身确实需要用句子来解释才能诠释意思的时候，都可以运用，具体情况具体分析，任何事情都不是绝对的。

4. 绘制思维导图的图像、图标使用规则

合理运用图像、图标，能使思维导图看上去更加清晰明了、美观大方，将其运用到思维导图的中心节点、主节点等各个节点上是非常必要的。但值得注意的是，使用图像和图标表示中心节点，与表示其他节点的目的和意义有所不同，所起的作用也大相径庭，中心节点使用图像和图标是为了突显主题，而其他节点使用图像和图标是为了突显内容。

下面我们看一下在思维导图中使用图像、图标所要遵循的几条规则：

（1）中心节点的图像选择一定要合适。在绘制思维导图时，使用中心图像能瞬间吸引人的眼球，让导图显得生动明了，然而中心图像并不是我们随随便便找个差不多的图一放了之，这样不仅没发挥其作用，反而容易使读图者产生误解和疑惑，所以选择一个合适的中心图像非常重要。

如图 4-8 所示，读图者第一眼看到中心图像是一个蛋糕，就会误以为这是一个关于"生日"思维导图，当看到分支的文字部分时，却发现与蛋糕并没有多大关系，便会觉得一头雾水，不明所以。后来细细看了文字部分后，觉得换成"茶壶"的图像更为贴切，这样才恰当得表达了该图的中心主题。所以，一个不恰当的中心图像，不仅耽误了读图者的时间，还让思维导图变得毫无导向价值。

图 4-8 中心图像的不当使用

（2）表达的内容与图像、图标要一致。为了使思维导图看上去更加言简意赅、美观大方，也为了提升我们大脑思维联想的能力，我们在绘制时就需要加入符合思维导图的图像、图标来诠释，在进行思维发散和想象的时候要与节点内图像及图标相契合，切不可张冠李戴，保持一致最重要。

（3）控制图像、图标的使用频率。我们要清楚在绘制思维导图时，运用图像、图标的目的和意义——为了促进我们大脑思维的联想和想象。而过多地使用图像、图标，就好像是在白纸上作一幅画，我们不是要去欣赏一幅画作，而是真切希望思维导图能给我们提供一定的帮助。

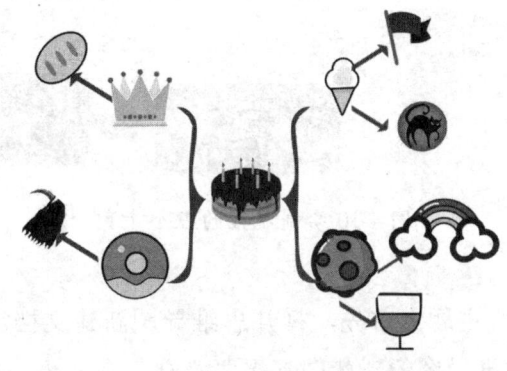

图 4-9 图像、图标太多导致的费解

在实际运用过程中，请大家牢记以上规则，只要大家能够认真对待，并能熟练掌握，相信以后绘制思维导图将更加得心应手。

4.2 如何绘制思维导图

思维导图就像是一本能让我们的大脑在分析问题的时候，快速跃然纸上的"说明书"。刚接触，你会以为这是一个非常专业复杂的软件，其实你只需要花一点时间去了解它、读懂它，它便犹如给你雪中送炭的"朋友"，可以锦上添花地帮你解决你想解决的问题。

1. 思维导图的制作流程

当你第一次打开思维导图软件，是否会感到迷茫？它整洁的界面会让你认为需要借助专业的制图工具呢！

有想法是正常的。思维导图作为一款呈现思维的工具，我们可以借助专业的制图工具来制作，也可以在思维导图里面直接手绘出我们的思维。

不管是使用专业的制图工具，还是在思维导图里软件使用手绘，归纳起来都需要遵循以下五个基本的步骤：

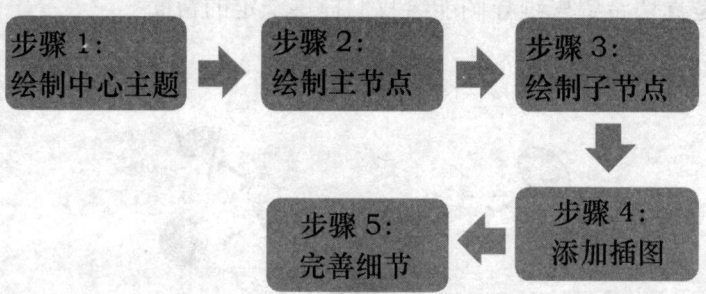

图 4-10 绘制流程的五个步骤

（1）绘制中心主题。首先，打开思维导图新建文档出现的第一个标题就是中心主题。思维导图的新建图都需要确立一个主题，制图者的思维必须围绕这个中心主题来展开，确立一个中心主题之后，我们才能展开下一步的工作。

在思维导图里，中心主题是一种广泛性的称呼，你也可以修改这个名称，让它和你的思维更贴切一些。比如，你需要创建的是一份一周的工作计划，可以直接把中心主题这几个字修改成"一周工作计划"，这样一个短语或者关键词组就成为新的"中心主题"了。

（2）绘制主节点。什么是主节点，主节点就是中心主题下的重要分支，它也是你列出的中心主题之后的基本脉络。

比如我们绘制的一周工作计划，在这个一周工作计划中包括从周一到周五的时间节点。从"一周工作计划"这个中心主题开始，就可以绘制从"周一"到"周五"五个主节点出来。

（3）绘制子节点。从主节点再向后延伸，是下一层级的子节点。在这个子节点上，我们可以把上一节点的"周一"分成每一天的时间段，比如，"早上""中午"和"晚上"。如果还需要细化，在这个子节点上还可以分出下一层级的子节点，然后标注上每一个时间段所需要干的事情，比如，"早上"这个子节点后还可以延伸出"洗漱""晨练"以及"早餐"等新的子节点。

完成这一步之后，一张"一周工作计划"的思维导图的轮廓大体上就丰富起来，再根据主节点的脉络，整张图表的轮廓已经呈现。顺着这个制图步骤，继续把每一个次节点的内容填写完整，整张图是不是像一张脉络图表一样，清晰明了？

（4）添加插图。一张完美的思维导图仅仅只有脉络是不够的，就像一个人只有骨架而没有血肉皮肤。如果我们需要让它变得更好看一些，让它变成一个赏心悦目的作品，我们需要给它添加图片来美化。比如，在子节点的"中午"旁边附上一张太阳或者是下雨的小图标，以此呈现这一天的天气情况；还可以在"晚上"这个节点上附上一张月亮的图片，整张思维导图立刻变得生动。

美化思维导图也应该注意适用类型，在一些娱乐性和严肃性不强的类型中会有很好的效果，但是如果在严肃性很强的思维导图类型中，过多的图像就显得不适用了。

（5）完善细节。做完以上的工作，接下来需要对整张思维导图进行艺术再加工，让整张思维导图更符合自己的要求，也让其他阅读者看到这张图表的时候更容易理解。

比如，可以让主节点到子节点其中的连线变粗，更加形象地表明主次关系；又如：在工作使用的思维导图中，制作者还需要添加上自己的名字、职务、时间等等细节。虽然这些都是小细节，但是细节决定成败哦！

温馨提醒：虽然细节能让整个画面饱满丰富，也能让制作者的严谨认真得以体现，但是过分注重细节也会让整个图表变得主次不分。当阅读者看到细节过多的思维导图时，注意力也容易被一些无用的细节分散。

当一张思维导图的层级、内容过少，会显得制作者敷衍了事；当一张思维导图里面细节过多，又会让人觉得需要关注的内容太多。如果制作一份工作计划的思维导图，敷衍了事会耽误工作；但是过多的细节，会造成重点过多，对应的工作量就会增加，大量的工作会让工作中出现错误的概率变大。鉴于以上两点，要达到完美的平衡，就需要衡量一下主次关系，主要的节点不能少，次要的节点不能多。

制作一张思维导图虽是严谨的，但也难免会有出错的时候，在思维导图里，如果我们要删除一个错误的节点怎么办？手指一点，轻松"减负"，删除即可。

2. 思维导图的画图实例

要想快速高效地完成一张思维导图的绘制，当然是有技巧的。让我们来看一下八种常见的艺术型思维导图的绘制方法：

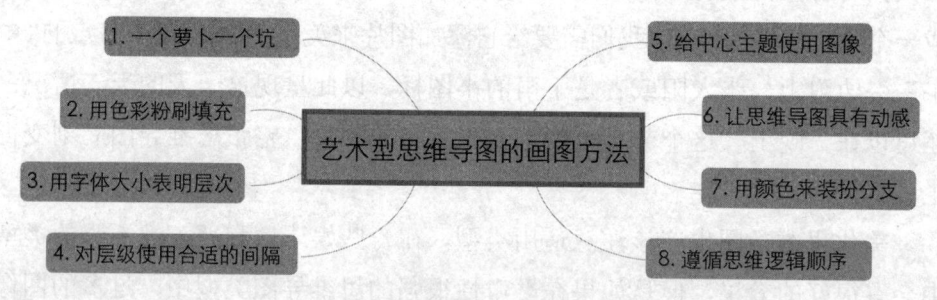

图 4-11 八种艺术型思维导图的绘制方法

（1）一个萝卜一个坑。什么是"一个萝卜一个坑"？简单来说就是在思维导图中，每一个节点上的关键词只能呈现唯一的属性。我们不能为了图方便，在一个关键节点上写入太多的关键词，这样容易造成后续节点的混乱。

比如，图 4-12 是一张"水果"关键词的思维导图：

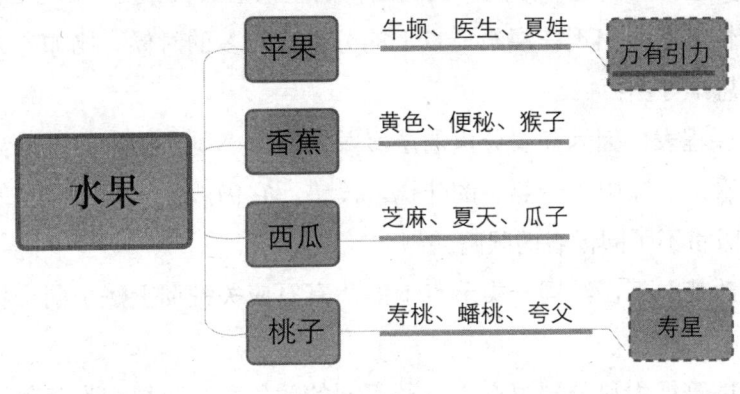

图 4-12 水果 1

　　这张图很明显，在二级子节点的关键词位置上，同时出现了多个关键词"牛顿""医生""夏娃"。当我们进入到第三层级节点之后，"万有引力"这个词需要对应上一层级的关键词匹配，出现了属性不明的情况。

　　牛顿是"万有引力"理论的提出者，但是在第二次节点层级中，"医生"和"夏娃"和"万有引力"没有任何关系。这就是节点属性不明，表述不清晰。

　　下面我们把整个图表重新排列整理，得出一张新的、合理清晰的思维导图出来：

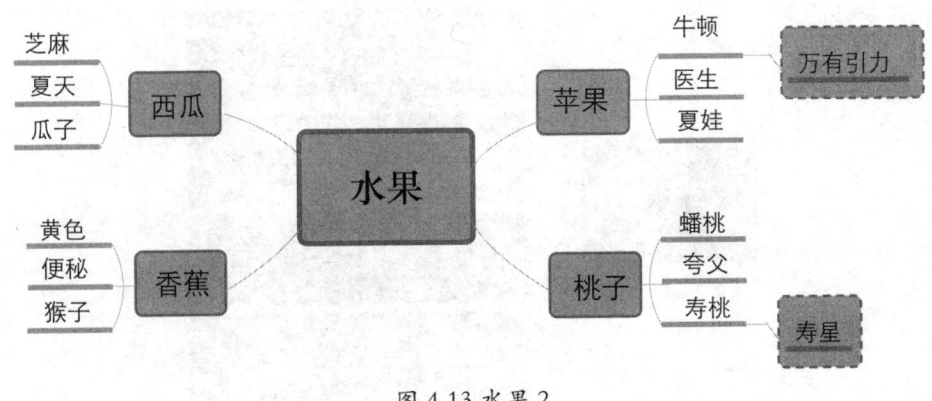

图 4-13 水果 2

　　（2）用色彩填充和丰富图表。色彩丰富的思维导图，不只是艺术型思维导图的专用，在实际应用中，一些实用型的思维导图也要用到色彩填充，利用色彩对整张画面进行分割，让画面中的主次层级关系更一目了然。

这种情况适合出现在层级节点上的分类比较多的时候，比如专为课程表而制作的思维导图：

一张课程表，因为需要分出的层级关键词太多制作出来的效果显得中规中矩，初看，乏味中透着熟悉的味道。没错，它仍然是一张最常见的简单的课程表，吸引不了阅读者的眼睛。

如果改变一下，给同一类节点上的所有对应关键词上赋予同一种颜色，效果就会不一样。

我们试着把主科分别填充为三种不同的颜色，文科填充为蓝色，理科填充为绿色，再用黑色填充其他副科，整个画面随即丰富起来。

经过颜色填充的子节点在内容上区分开之后，阅读者根据同一种颜色找出他需要查找或者感兴趣的课程。从同一种颜色色块快速浏览出图表中所有这种色块的分布情况，比单独一个个浏览查阅要快得多。

（3）以节点关键字字体大小来区分层级关系。从中心主题到各分层子节点，思想导图所要体现的就是绘图者清晰的脉络层次。如果我们在制图的过程中采用了单一的模板样式，各层级关键词的字体采用一样的大小，会很容易让阅读者有一种层次不明的模糊感。

比如以这张有"水果"关键词的思维导图为例：

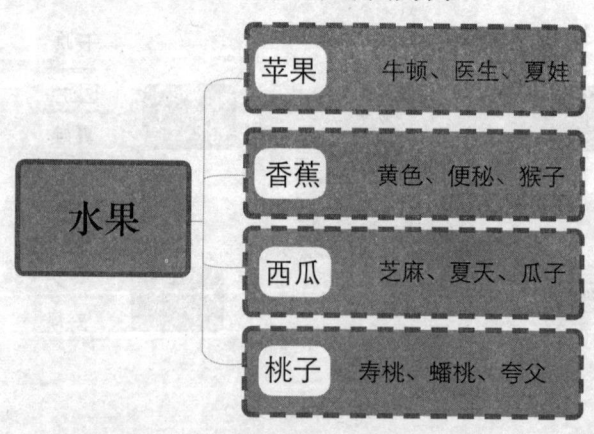

图 4-14 关键字大小 1

在这张思维导图 4-15 中，所有的层级分支，关键词都使用了同一种字体，而且大小都一样。我们可以顺着图来看，"西瓜"和"苹果"是同一层级的关系，但是在这张图上，我们却很容易以为"苹果"和"医生""牛顿"是一个层级，"医生"和"牛顿"应该是"苹果"的下一个层级才对。

解决这个问题，除了可以更换另一种模板样式之外，还可以直接在当前的模板基础上调节关键词的大小，用来区别不同层级之间的关系。比如，把"苹果"和其对应的层级中的关键词全部调大，加粗；同时把"医生"这个层级节点上的关键词调小，不加粗。最终的效果就是在主节点和次节点之间形成大小反差，如图 4-15：

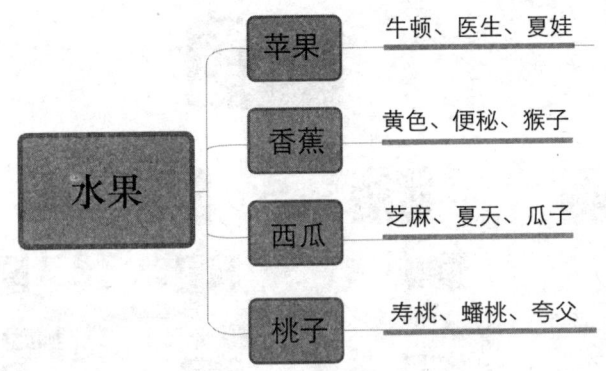

图 4-15 关键字大小 2

（4）合适的分支间隔。对称美是画面美感的一种，而杂乱无章的思维导图是缺乏美感的。使用合适的间隔距离，调整整个画面的布局，让图表更具有对称性的美感，是每个制图者需要掌握的基本技巧。

图 4-16 是一张没有调整过间隔间距的思维导图：

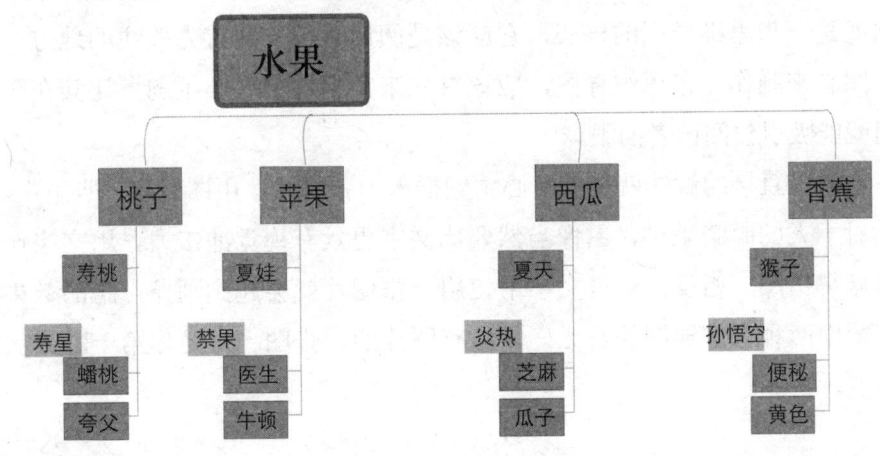

图 4-16 节点间隔 1

从这样一张思维导图中我们会发现很多的问题，问题主要出现在使用的思维导图的模板没有按照节点的层级关系排列出合理的间隔。比如，"桃子"和"苹果"之间的间隔较小，而"西瓜"和"香蕉"之间的间隔明显较大。

左边的拥挤和右边的疏松形成明显的对比，让整个画面缺乏"对称美"。

这个时候，我们需要轻动鼠标，调节一下这几个层级之间的间隔距离，使其间距一致，看起来更加整齐，具有很鲜明的对称统一的画面。如图4-17：

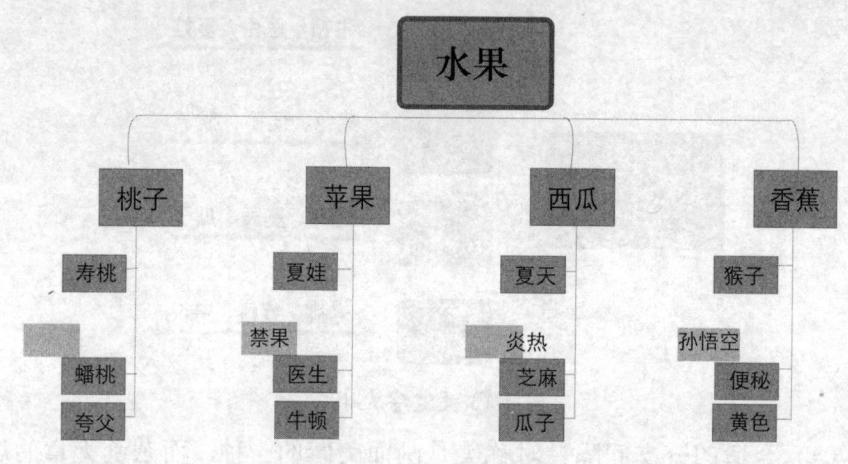

图 4-17 节点间隔 2

（5）给中心主题使用图像。从正常的思维顺序和阅读习惯来说，中心主题就是一张思维导图的核心，它应该是阅读者第一眼首先关注的地方。作为绘图者来制作一张思维导图，应该首先来突出这个中心主题，让其在第一时间就能吸引住阅读者的眼球。

通常最直接的做法就是为中心主题插入一张图片，用图像来"吸睛"。

对于人的眼睛来讲，图像当然要比文字更具有视觉冲击力。用文字作为载体显得枯燥，相反在一堆文字中使用一张图片就会起到画龙点睛的效果。如下图中两种思维导图的对比，相信有图片的那张图一定是你第一眼聚焦的中心点。

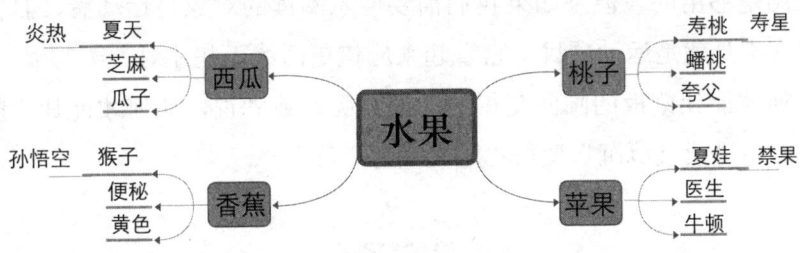

图 4-18 中心主题图像 1

图 4-19 中心主题图像 2

在这里，图片还能起到帮助阅读者拓展思维空间的功能，当阅读者看到这张画面，再联想到思维导图旁边的子层级的内容会联想到这里就是一个果篮，它应该装载的就是子层级关键词所描述的水果。这要比单独的写上"水果"两个字要生动得多。

（6）让思维导图动起来。上面我们讲到了让画面"吸睛"，接下来我们讲如何让静止的画面具有运动的元素。当然，这不是制作动画，这是一种思维导图的排版样式，适合某些特定的类型，比如，我们在表述运动类型的思维导图的时候。

在下面一张思维导图中，我们使用了添加字体颜色和调节字体大小，以及调整排列间隔等多种方法，尽量让思维导图更具有美感。如图 4-20：

但是，第一眼看上去，仍然还是感觉到有些问题。

问题出在哪呢？因为这张图还是过于方正和呆板了。它不像是在表达一种运动，而像是在讲述一段实验结果一样。过于中规中矩的样式，会让人觉得看起来没有生趣。

如果只是为了陈述这样一个事情，表达一下必须存在的实用功能，这样的一张图是够用的。但是如果我们需要展示阅读的对象是运动者，且需要展现的内容本身就是运动项目，它看起来应该更活泼一些才对。

如何才能让刻板的画面变得生动活泼呢？或者说，如何才能让"静"生"动"，由"死气沉沉"变得"阳光动感"呢？

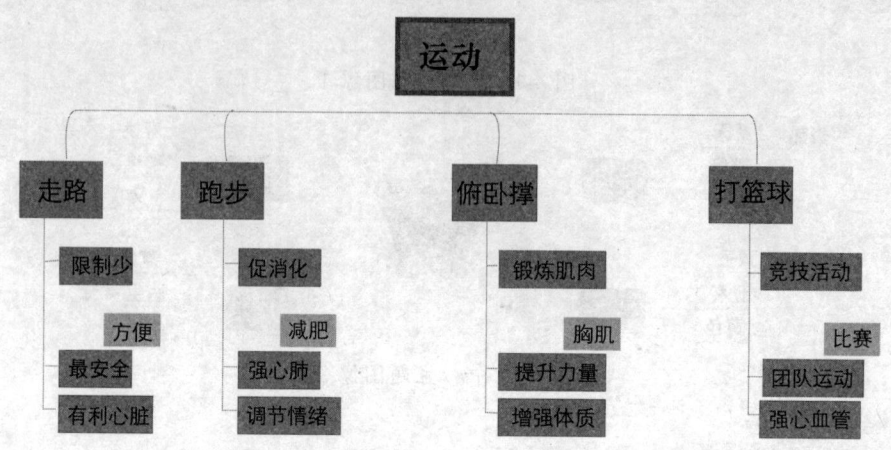

图 4-20 增加运动元素 1

首先，我们先从层级之间的连线开始。直线和曲线就是最容易理解的刻板和生动的表述方式，直线刻板，曲线生动。我们常说，运动的线条具有美感，就像完美的身材是 S 型一样，人们当然喜欢看有曲线之美的画面。

其次，有了线条只能算是为画面带入了运动的成分，但是还不足以把运动画面表现出来。这个时候，我们需要加入渐变的色彩，让思维导图的颜色也呈现出运动性。渐变从无到有，从浅到深的本身，就是在变化。变化就是在传递一种运动的意识。

最后，在给整张图表加入和图表前景色形成对比的背景色。

有了强烈的对比，加上弯曲的曲线，再有整个画面的渐变，一张跳跃的画面就出现在我们的眼前。从视觉传达的效果看，这样的图就会凸显运动的成分，再也不呆板了。如图 4-21：

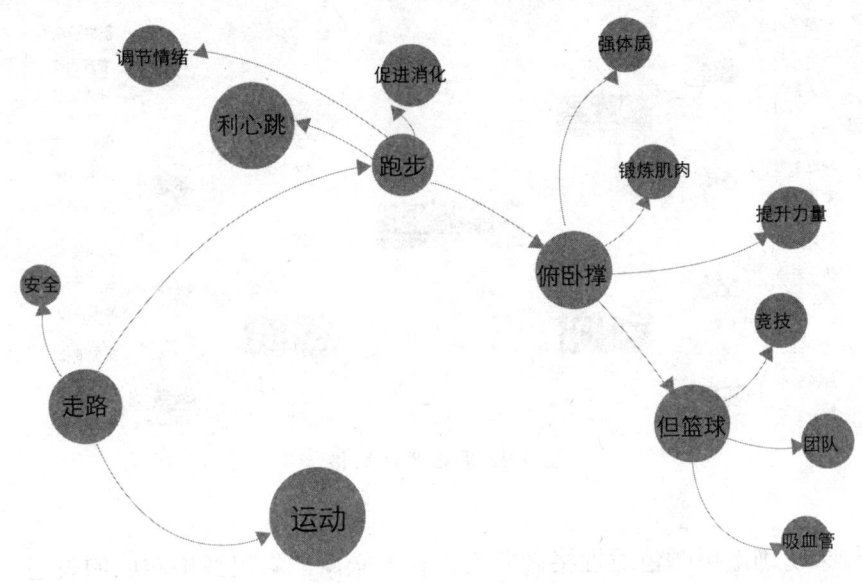

图 4-21 增加运动元素 2

（7）巧妙使用颜色装扮。节点就是思维导图中描述上下层级关系的样式，这种层级关系最主要的就是父子层级的"包含"关系。子节点包含在主节点之中的同时，和相连的主节点延伸下来的同一子层级又是平行并列的关系。在同一层级的并列关系中，为了显示得更清楚，最好使用同一种颜色来加以归类和区分。

绘图者根据颜色属性，每一个主节点都赋予不同颜色，让主节点上的关键词显示出它对应的色彩。

下面是一张主持人乐嘉所作的色彩心理学分析的思维导图：

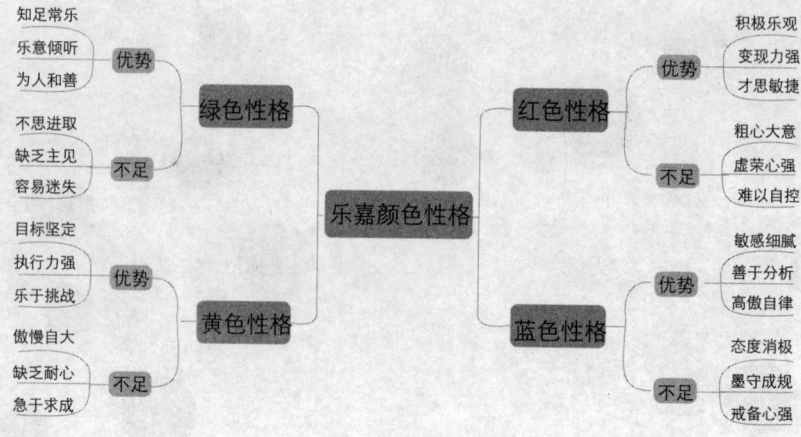

图 4-22 乐嘉颜色性格

　　如果明确地用颜色对性格做归类，便一眼就能看出性格对应的表述。这张思维导图本身就是表述色彩的，使用相应的色彩导向，暗合阅读者的心理，也切合了这张思维导图本身的中心主题。

　　（8）遵循固有的顺序。思维导图既然是表述绘图者逻辑思维的，图表本身就应该按照绘图者的逻辑顺序来呈现，这也是思维导图要遵循的特性。当一张思维导图具有明显的逻辑顺序的时候，图表的排列就不应该被人为地打乱，否则条理不清，层次不明。

　　比如，时间规划的思维导图，既然是时间，就必须按照前后顺序排列，周五当然不可能排在周一的前面。周一的复习和周五的考试，变成了周一考试，周五复习，逻辑混乱。

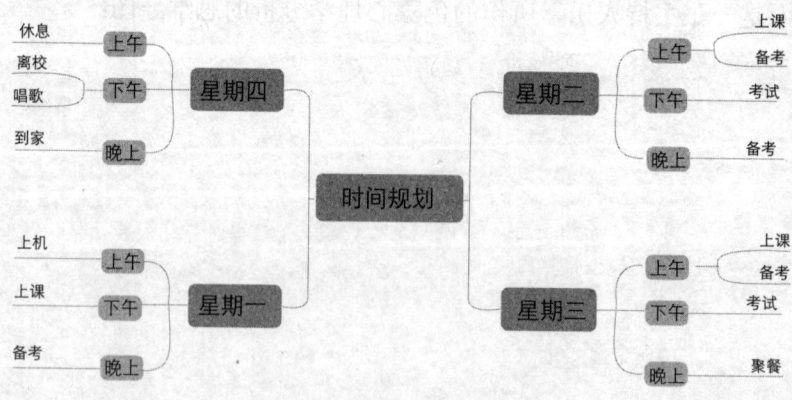

图 4-23 时间规划 1

　　没有人习惯看这样的图表，大家习惯性的阅读顺序都是从左到右，从上到下。从这一点看，排版一定要按照正常的阅读习惯来制作。这就是所谓的逻辑合理性！

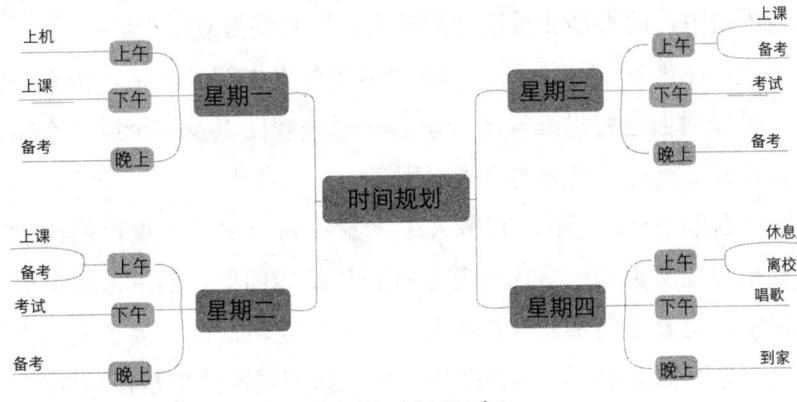

图 4-24 时间规划 2

4.3 绘制思维导图的禁忌与误区

　　虽然前面讲了很多关于如何绘制思维导图及许多规则，但是很多理论知识真正运用到实际操作中，还是会犯各种错误，还会因为在这个过程中遇到各种问题，而不知所措。为了让大家更清楚地理解，能真正地把绘制思维导图运用到工作学习中去，本节总结了绘制思维导图的五大禁忌与三大误区，具体如下：

1. 绘制思维导图的五大禁忌

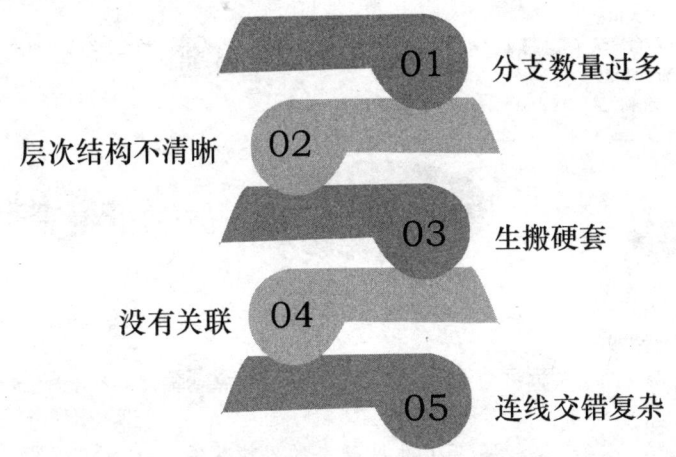

图 4-25 绘制思维导图的五大禁忌

（1）分支数量过多。大脑的思维发散能力，会让我们在绘制思维导图时更加得心应手。然而，不是大脑发散出什么，在绘制时就毫无章法地分支出什么，更不是分支的数量越多越好。一个好的思维导图应当让读者一目了然，看起来轻松愉悦，而不是加重读者的压力，让其变得复杂。

如果中心主题确实较为复杂，需要多个分支去解读，那也得有一定的轻重缓急，可以适当地将思维导图分解为一个宏观图以及单个或多个微观图，并且注意各分节点上关键词的合理运用。

（2）层次结构不清晰。有些人思维发散到一发不可收拾的地步，就会贪心想要把自己想象的所有内容都绘制在思维导图里，然后密密麻麻地画了一大堆，最后也分不清主次及层次结构，导致逻辑混乱。读者根本不知道思路在哪里，更不知道中心主题在哪里，所以保证层次结构是很重要的。

（3）生搬硬套。生搬硬套，是绘制者在绘制思维导图时最容易犯的一个错误。初学者尤为明显，总是将自己看到的各种事物就生搬硬套地构建思维导图，却完全忽略了绘制思维导图的本质。生搬硬套不是总将看到的进行绘制，而是为了引导我们更好地分析思考问题，所以只有不断地实践练习，积累经验，真正提炼到有价值的关键词，才有意义。

例如，在绘制有关阅读的思维导图时，如果我们完全弃用自己的分析思考能力，生搬硬套用书名作为中心节点，然后将书的目录作为关键点绘制在各分支节点上，这样毫无意义的思维导图就是一个失败的作品。如图 4-26 所示：

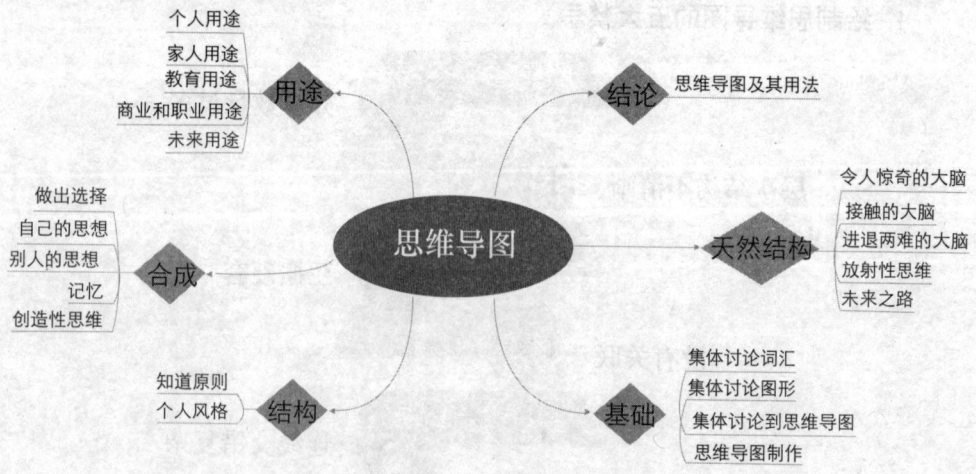

图 4-26 生搬硬套的思维导图

绘制思维导图本质就是激发思维，需要想象力及思考力，生搬硬套，毫无意义。

（4）没有关联。我们在绘制思维导图的时候，都必须围绕着中心主题发散展开，这就好比要写一篇文章，我们要围绕中心思想来写一样，而中心主题就是思维导图的核心思想，所有联想和想象必须围绕其来展开。而漫无目的的想象和毫无关联的层次会让思维导图含糊不清，让人费解。

（5）连线交错复杂。绘制思维导图时，一定要有清晰的线条，这就好比一个立交桥，每条路都有一个目的地，如果错综复杂，就会让人云里雾里，不知道每一条路的目的地。在思维导图中同样是这个道理，思维导图的每一个线条都代表一个思想脉络，如果连线交错复杂，也会让读者找不到绘制思路，而且从视图布局上看，也显得凌乱和不美观。

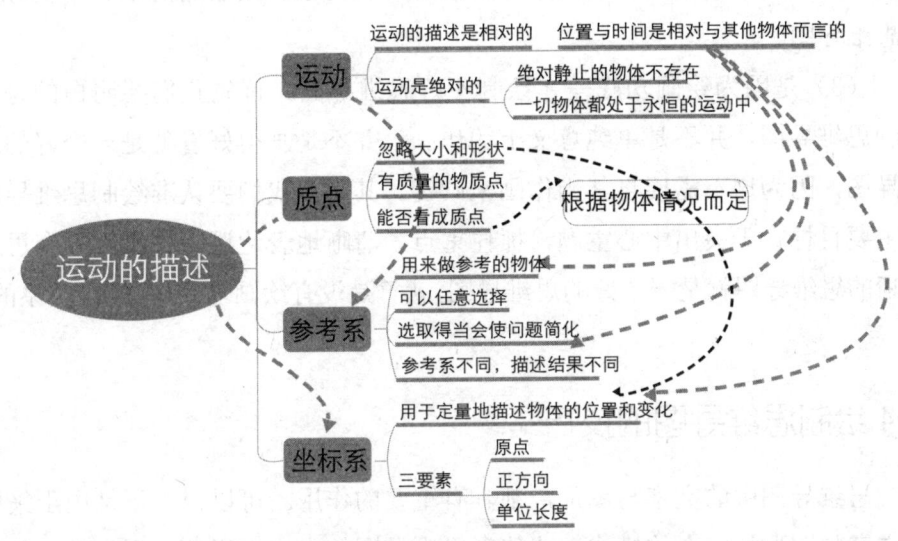

图 4-27 连线交错复杂的思维导图

2. 绘制思维导图的三大误区

（1）在思维导图中添加负面的想法。我们在绘制思维导图的时候，大脑中会涌现各种想法和灵感，这是不受控制的。这些想法中有正能量的，也有一些负能量的。我们虽然无法控制，但是我们在绘制思维导图的时候，可以只保留一些积极有用的内容，而忽略掉那些负面的内容。

比如我们常常会在生活中遇到一些不如意的事情，而这些事情就会带给我们糟糕的心情，并将这些负面的情绪记录在大脑中，从而郁郁寡欢影响到我们的身心健康，这是非常不可取的。所以，在绘制思维导图的时候，就应当尽量避免这部分情绪的干扰，从而积极正能量一些。

（2）因思维导图"乱"而认为自己做不好。万事开头难，对于初学者来说，在学习绘制思维导图的时候，天马行空没有目的，从而在绘制思维导图的时候，涌现出大量关键词，然后又不会取舍，在思维导图上会出现很多的分支，看起来杂乱无章，最后认为自己学不会绘制思维导图，从而想到放弃。

其实这是完全没有必要担心的，对于初学者来说，能有大量的关键词涌出，证明思维发散的联想和想象是很开阔的，只是对重要的关键词没有一个正确的捕捉和筛选。这种情况在初学的时候时常发生，只要经过不断学习和长期训练，就会杜绝这种杂乱无章的情况，从而绘制出思路清晰、结构分明的思维导图。

（3）是因为绘画功底差才绘制不好思维导图。首先我们要明白的是，绘制思维导图，并不是单纯意义上的作画，并不是画得好看就是一个好的思维导图，因为这不需要将其当作画来欣赏。其次，我们要认准绘制思维导图的主要目标在于突出中心主题，抓住重点，清晰地表达逻辑关系，一个思路清晰的思维导图就是一个好的思维导图，就算是没有绘画功底，也是没关系的。

4.4 绘制思维导图的技巧

思维导图中的文字与图形，都具有重要的作用。可以说，正是由于采用了文字与图形相结合的模式，才使得思维导图的内容更形象、更生动，并给我们解决问题带来了极大的帮助。

当然，想要借助思维导图的力量来行之有效地解决问题，就需要我们在绘制思维导图的过程中，学会运用一些技巧将思维导图的优势体现出来。如此，才能将思维导图的作用发挥到最佳。

在绘制导图时需要掌握哪些方面的技巧呢？总结起来，主要有以下几点。

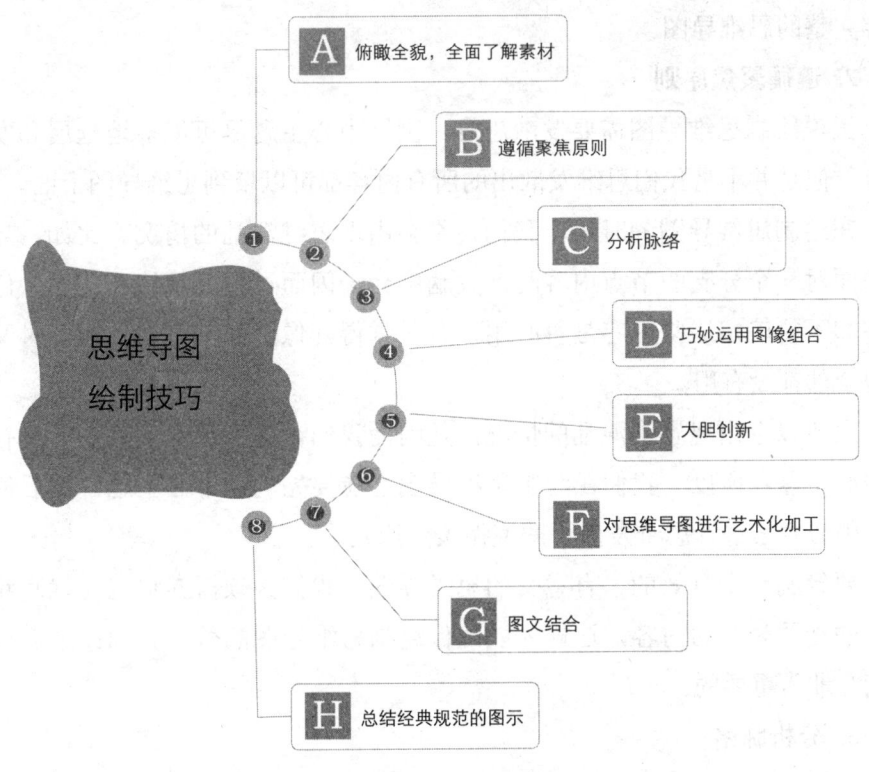

图 4-28 绘制思维导图的技巧

1. 俯瞰全貌，全面了解素材

每当我们要开始一个新的项目时，应先了解一下该项目的概况，掌握和学习思维导图亦是如此，首先要俯瞰全貌，全面了解素材。

要想学习和掌握思维导图，首先要对所有的素材做一个全面的了解。思维导图应该是一个完整清晰的逻辑结构图，不能想到什么就画什么。必须先确定中心主题，然后再全面深入分析，全面了解中心主题以及其包含的内容。

只有在了解了思维导图中心主题包含哪些内容过后，我们心中才会有一个方向，才能知道哪些内容是必要的，才明确需要制定的内容。只有这样才能避免在绘制思维导图的过程中出现遗漏或者跑题的情况；同时也能避免出现想到哪里写到哪里，毫无逻辑等问题。

做到心中有数，才能更好地学习和掌握思维导图，才能绘制出逻辑清晰、内容完整的思维导图。

2. 遵循聚焦原则

虽说绘制思维导图需要发散思维，围绕中心主题尽可能多地延展和发散内容。但是并不是我们思维发散出的所有内容都可以填到思维导图上面。

在绘制思维导图的时候，我们常常会出现思维混乱的情况。比如，当我们在面对一个分支的节点内容时，大脑中会一闪而过很多想法和信息，但是我们却不能确定这些内容是否有用，有时觉得好像全部都有用，而有时又会觉得全部都没有用。

之所以会出现思维混乱的情况，是因为我们在进行思维发散之前没有明确中心主题。所以，我们在绘制思维导图之前要先确定中心主题，然后依据这个中心主题进行思维发散，即遵循聚焦原则。

要绘制一个有效的、有意义的思维导图，我们必须摒弃那些会扰乱我们思绪的无关紧要的内容，这样才能确保绘制思维导图的效率。因此遵循聚焦原则是非常重要的。

3. 分析脉络

分析脉络对于绘制思维导图同样是非常重要的。

在绘制思维导图时利用我们左脑的分析判断以及右脑的联想发散，先设定一个中心主题，然后依据这个中心主题进行有效的思维发散，抽丝剥茧，最后找出不同事物之间的联系。

思维导图是充分利用我们大脑的思维逻辑，结构层级清晰分明，具有极强的脉络，我们可以从中轻松地找到关键点。所以我们在绘制思维导图时，一定要分析脉络，确保思维导图的结构层级有逻辑、有条理，这样才能绘制出有效的、有指导意义的思维导图。

4. 巧妙运用图形组合

在绘制思维导图时，可以选择一些形状各异的图形，然后巧妙地组合出一些极具创意的新图形，利用新颖奇特的图形去吸引读者的目光，并在吸引他人目光的同时，将自己的所思所想完整地表达出来。

5. 大胆创新

既然思维导图的作用是为了解决问题和强化记忆，那么在绘制的过程中，我们不妨思维活跃一些，用大胆的创新思维去展开想象的翅膀，让导图更具代表性。

比如，处在毕业季的学生即将与朝夕相处的同学各奔东西时，便可以绘制一幅内容与形式上别具一格的思维导图，来记录美好的校园时光。

6. 对思维导图进行艺术化加工

思维导图在绘制时，线条、色彩、符号等方面的功能可以不受限制和束缚，视绘制者的个人需要来定。

需要注意的是，在自由发挥的同时，千万别让一些次要的东西掩盖了思维导图的光芒和意义。

7. 图文结合

在绘制思维导图时，绘制者如果采用图文并茂的方式，就能够更清晰明了地阐述自己的观点与意见。

8. 总结经典规范的图式

随着思维导图的广泛运用，越来越多的人开始借助于思维导图来分析和解决问题。因此，我们可以将一些经典规范的思维导图图式作为参考，从中汲取一些实用的经验，方便下次遇到同类型问题时，轻松熟练地应对。

以上就是绘制思维导图的八大技巧。如果在绘制思维导图的时候，我们能够全面地掌握并合理地运用这八大技巧，那么，我们就能更容易地绘制出一幅精美又实用的思维导图。

4.5 思维导图的基本类型

思维导图是一种表达发散性思维的思维工具，在绘制思维导图的过程中，若想将自己的思维方式清晰明了地呈现在他人面前，那么在绘制思维导图时就一定要思路清晰、逻辑严谨，这样绘制出来的导图内容才更丰富，更通俗易懂。

下面给大家介绍八种基本的思维导图类型。

1. 圆圈图：爆发头脑风暴

所谓圆圈图，从字面意思来看自然是与圆圈相关。绘制这种思维导图时大多围绕着一项中心内容来开展，并以中心圆圈中的中心内容为主题来引发头脑风暴，让大脑思维得到发散。

两个大小不一的同心圆，再配以中心主题，就组成了圆圈图，而圆圈图中的内圆便是导图的中心。中心主题的内容绘制者可以自由发挥，不受某些条条框框的束缚，但外圆的内容则需要和内圆的中心主题密切相关。

圆圈图最早来源于国外对学龄儿童的启蒙教育，利用这种导图类型，可以行之有效地激发和挖掘出隐藏在儿童体内的思维与潜能。基于圆圈图在人们日常生活和工作中的重要性，也为了让思维得到更好的发散，在绘制圆圈图时我们可以一步步将外围的圆圈画大。

看起来，圆圈图有些复杂，但其实它是一种特别容易绘制的导图，图4-29便是一个以"大地"为中心主题的圆圈图。

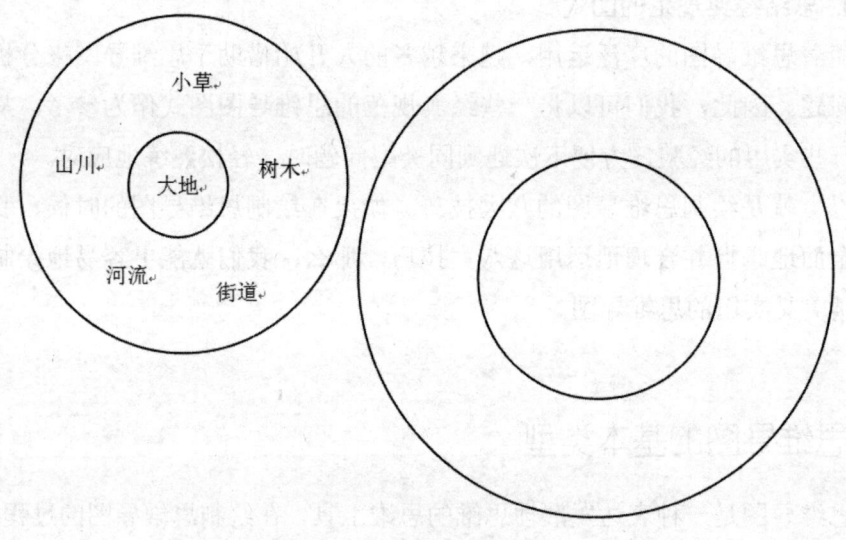

图 4-29 "大地"圆圈图

2. 气泡图：观察和发现世界

气泡图实际就是由圆圈图延伸而来，也是由圆圈组成，但它却不止内外两个圆圈，而是以中心圆圈为主题，由上而下、由左到右逐渐延伸到下一层。

气泡图具有一定的发散延展性，因此，可以不受任何束缚地向外无限延伸。

在绘制气泡图的过程中，绘制者的思维不仅可以得到多元化的发展，其中心主题也可以借此得到发散。

气泡图里面的中心圆通常用来描绘和填写某件事物的中心思想，围绕中心圆四周的圆圈则是它延伸出来的分支，描绘和填写中心思想发散延展出的有关内容。可以说，气泡图的作用就是对事物加以明确定义、详细解释、透彻描述的一种导图类型。

一张清晰明了的气泡图，不仅可以让我们快速寻找到一件事物的中心思想和相关内容，还可以锻炼和提升思维的发散能力，何乐而不为呢？

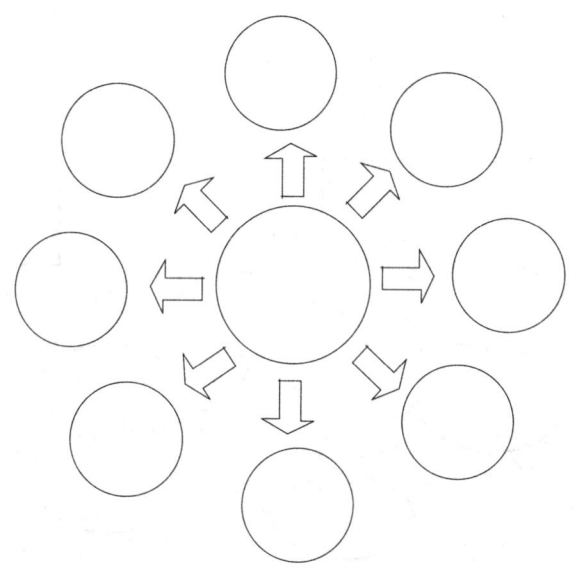

图 4-30 气泡图

3. 双气泡图：对比更清晰

双气泡图是由气泡图延伸而来，在图形结构上看上去和上面所讲的气泡图有些许相似的地方，但它最大的区别就在于：双气泡图是由两个不同中心主题且独立的气泡连接而成的气泡图，但两个中心主题之间却可以互相对比，将彼此的异同点一一呈现出来。

所以，在绘制双气泡图时，我们应在不同的气泡中心圆圈里分别填写所要阐述的中心主题内容，并在分支的圆圈内围绕中心主题填写内容。如果两个气泡之间的主题内容存在一定的关联，那么在绘制思维导图时就要共用一个或多个圆圈，运用分支将两个独立的气泡关联起来。

单看文字描述，可能双气泡图给人的感觉很混乱，不仅有两个中心主题，在某些主题内容方面又有着共同与不同的分支，纵横交错在一起。不过，这些都不用担心，只要我们思路清晰、逻辑清晰，想要将双气泡之间的各项关系分辨清楚，其实是很容易的。因为双气泡图最大、最明显的特点，就是将两个中心主题之间的异同点做出清晰而准确的对比。

所以，双气泡图常常被用在两件既有差异又有共性的事物中，以便人们做出更好的对比。

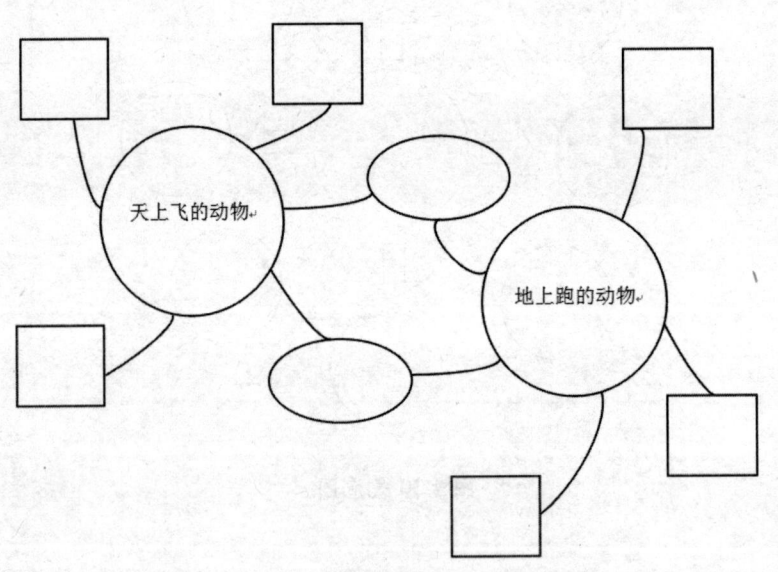

图 4-31 双气泡图

4. 树状图：归类更明确

树状图的取名来源于它盘根错节树枝样的形状，与圆圈图、气泡图、双气泡图不同的是，树状图在层级上可以由中心主题进行无限延伸，并在延伸出的层级上再次进行延伸。

　　当然，第二层需要围绕第一层所要表达的中心主题的关键词延伸，第三层需要围绕第二层所要表达的中心主题关键词延伸，并以此类推。因其图形像树枝一样呈发散状，因而得名，它最明显的特征就是对即将完成的事物进行明确的分类或分组。

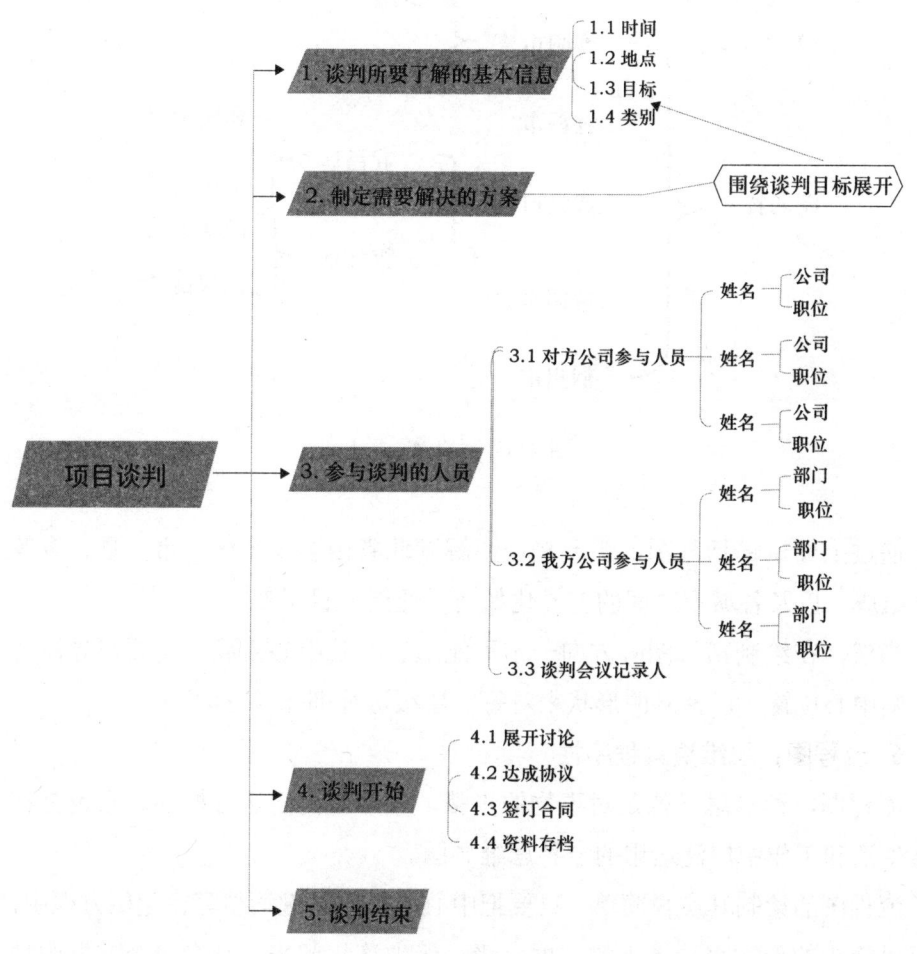

图 4-32　树状图

5. 括号图：细化分解

单纯从括号图的形状上来看，似乎与树状图有些相似，但区别还是存在的，树状图是围绕中心主题进行无限延伸，而括号图则是对一件事物进行详细而透彻的分解。

举个例子，我们要对某个省份进行细化分解，由省到市、由市到区和县、由县到乡镇进行划分的话，便可以运用括号图。

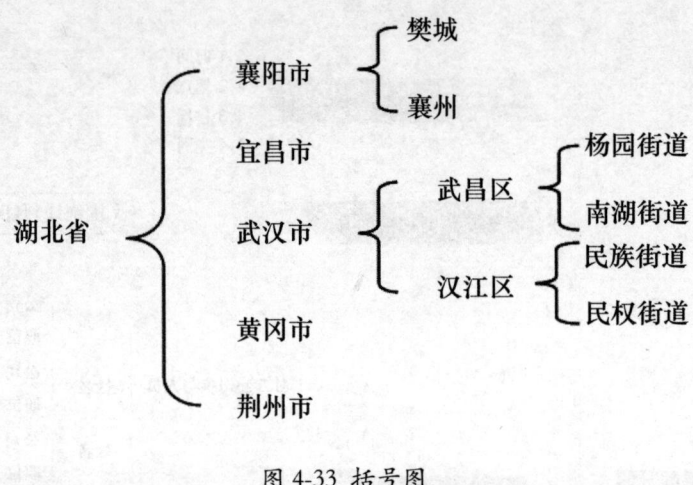

图 4-33 括号图

通过上面这幅括号图，想要轻松了解湖北省由多少个区、市、县、乡等部分组成，以及各城市之间的差异化如何，便能一目了然。

当然，在绘制括号图时方向一定不能随意，其中心主题一定要在导图的最左侧中心位置，以括号的形状来对每一层级进行细化和分解。

6. 流程图：思维更具程序性

流程图，顾名思义就是对事物的步骤、顺序等内容进行概述。它也是在日常生活和工作中广泛运用的一种思维导图。

流程图的绘制其实很简单，只要把中心主题的关键词填写在起始方框中，然后以箭头的形式将接下来的方框一级一级地连接起来，且在每个方框中填写每一阶段所要完成的步骤、顺序等相应内容。这样，一幅逻辑清晰的流程图就绘制出来了。

正是因为流程图具有的清晰性，使得其在各行各业得到了广泛的运用。也因此，我们在绘制和运用流程图的过程中，可以让自身思维更具程序性。

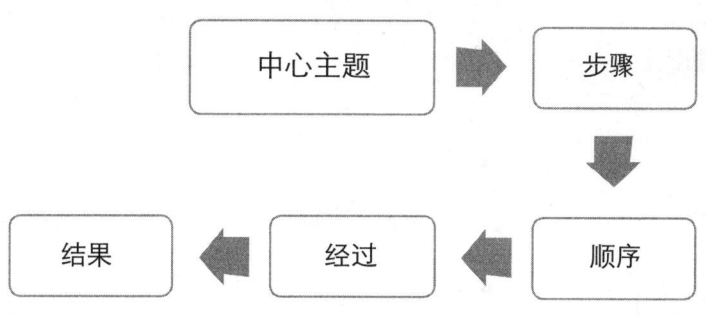

图 4-34 流程图

7. 复流程图：探究原因和结果

和前面一样，复流程图也可称为普通流程图的升级版，在形状上看着与普通流程图相似，但在内容和绘制上却有着明显区别，因此复流程图也可称为多重流程图。

具体来说，其不同之处主要体现在以下两个方面：

（1）描述内容不同。普通流程图是由中心主题向外延伸，通过流程图一级一级地向人们描述事情的发展经过，而复流程图则是对一件事情的来龙去脉做描述。

（2）绘制方法不同。普通流程图在绘制的过程中，是将中心主题作为开端，并放在最前面，对延伸的内容进行一级一级地描述；而复流程图在绘制时，则是将中心主题放在正中间，左右延伸的方框内容都与正中间的中心主题内容相关。

复流程图在方向上也是灵活多变的，既可以横向，也可以纵向。当然，横向绘制复流程图时，左侧方框的内容需要围绕正中间的中心主题思想来展开，可以写事件的起始原因，通过中心主题的延伸就演变成了右侧的最终结果。但若是以纵向的方式来绘制复流程图，那么事情的起始原因便可以填写在上方方框中，而结果则填写在下方方框中，中间依旧是整个事件的中心主题。

通过复流程图的描述，想要将一件事情的来龙去脉了解得清晰透彻，将不再是难事。

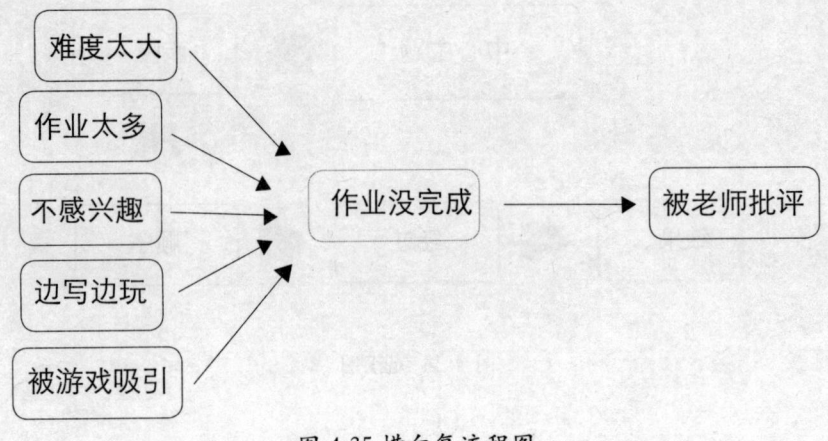

图 4-35 横向复流程图

8. 桥形图，建立类比关系

和上面其他图形相比，桥形图可能会给人一种陌生感，但实际上它也是思维导图的八种基本类型之一。

当我们遇到几个同类或不同类的事物时，想要凸显它们之间的不同之处，或是将它们做出类比时，这时运用其他的思维导图来表现的话，结果可能会不理想。

这时候，桥形图就派上用场了，它最大的特点就是建立类比关系，以类比和类推的方式，将同类或不同类的事物做出分析和比较。当然，在做分析和类比时，其内容一定要围绕中心主题展开，让彼此间有关联才行，然后依据它们的相关性，列举一些具有关联性的事物。

下面这幅桥形图就展示了其关联性。

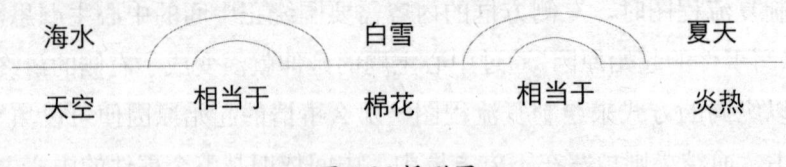

图 4-36 桥形图

第五章
抓住重点，建立逻辑——思维导图阅读

如果说阅读是"输入"，是吸收信息，那么，绘制阅读思维导图就是"输出"，是将所理解的信息有效地表达出来。在阅读的过程中只有在"输入"的基础上进行"输出"，才能更好地理解阅读内容、抓住阅读重点、建立阅读逻辑、加深阅读记忆、吸收阅读知识。

当然，绘制阅读思维导图也是一个循序渐进的过程，本章，将为大家详细介绍绘制、阅读思维导图的相关理论知识，以期让大家更好地了解阅读思维导图的重要作用和绘制方法。

本章内容如下：
➤你真的理解阅读吗？
➤思维导图阅读的好处及应掌握的基本能力
➤阅读思维导图如何画
➤用思维导图阅读不同书籍的实例

5.1 你真的理解阅读吗？

提到阅读，你一定不会陌生，然而，提到阅读的四个层次、阅读的不良习惯以及快速阅读的基本原则，相信大多数人一定会一头雾水，而这些问题，也正是我们本节要探讨的主要内容。

1. 阅读的四个层次

一般来说，阅读，就是我们从书本上获得知识、思想和信息的一种行为，它不但能丰盈我们的思想，还能让我们开阔眼界。爱好阅读的人，都有很强的求知欲，往往会根据自己的需求主动去学习，以完善自己的知识体系。

阅读是一种输入，而表达是一种输出，有很多人阅读完一本书后，就认为自己读懂了书里的全部内容。但是当别人问起书里所讲的内容时，则表现出似懂非懂的状态，不知从何说起，就算说起，也是没有条理，缺乏逻辑性。为何如此呢？

这是因为在阅读的过程中，只是片面地理解了文字表面的意思，却没有理解文字背后的思想深度。这样的阅读是低效率的阅读，读者的提升不大。

从文字到字义，再从字义到句子，再从句子到段落，乃至到整篇文章的理解过程，掌握文章的思想含义，理解作者要表达的意思，才是有效的阅读。

有效的阅读，在于读者通过阅读来体会且感悟书中所传达的思想，在读懂其思想的基础上，结合生活中的各种经验，从而悟出属于自己的处世之道，最终形成属于自己的人生财富。

归纳起来，阅读理解力可分为以下四个层次：

（1）掌握关键要素：5W2H（Who、What、When、Where、Why，How，How much），即"人、事、时、地、因，果、成本"。

（2）掌握书中要点之间的逻辑关系。

（3）了解文字背后的隐含意义、理解内容与自己的关系。

（4）如何将书中的思想运用在自己的工作和学习中。

阅读有高低层次的区别，学校考试所考的阅读理解，是属于低层次的阅读，只要简单分析出"作者讲什么？如何讲？"就可以了。但是高层次的阅读，就必须具备良好的阅读能力，还要提炼出书中的精华，并加以分析，使之变成自己的思想。

想要对书本有更深层次的理解，读者可以参加一些有内涵的读书群，大家一起分享读书感悟，进行"批判性交流"，可以得到更全面的理解，也可以进一步挖掘文中内涵。阅读具有自我性，想要达到更高的阅读层次，还需自己慢慢摸索，学会运用多角度去解读书中的内容，丰富自己的知识系统，以便学以致用。

2. 三种常见的不良阅读习惯

在阅读上，没有人是十全十美的，都存在着这样或那样的缺点，这让有些人对自己的阅读能力不是很自信，也就对阅读效果感到不满意。其实有的人也明白在阅读中遇到的障碍，却不知道具体的障碍到底是什么。

前面我们已经讲过，阅读是我们从书本上获取思想与知识的行为，这个行为过程，让我们得到的不仅是文字，还包括符号、公式、图标、图表和文章架构等。一般在阅读时，很多人都有过这样的不良习惯，比如默念、逐字阅读和回头阅读。正是因为这三个不良的习惯，导致了我们的阅读成效甚微，甚至对阅读有一种沉重又压抑的感觉。

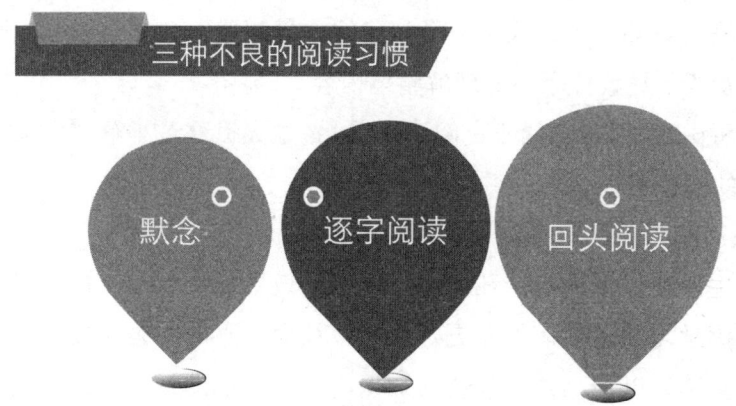

图 5-1 不良阅读习惯

（1）默念。从我们开始学习语文时，老师就经常教我们默念课文，老师一般先读一遍。我们在下面跟着默念一遍，这种学习方式，久而久之，就养成了一种不良的习惯。然而，我们从未对这种学习方式质疑过，以至于我们后来阅读时习惯默念。

我们知道，默念的速度比说话的速度慢，而说话的速度比大脑在阅读时思考的速度更慢，由此推断，在阅读的过程中，默念严重地拖住了阅读速度的后腿，导致阅读效果不理想，也会耗费自己的时间。

就拿读英语单词来说，如果我们默念单词，最快的速度是每分钟大约150个单词。但是通过出声阅读单词，最快的速度则是每分钟200至300个单词，这就能充分表明默读不是好习惯。

（2）逐字阅读。逐字阅读，是很多人都会有的阅读习惯，这种习惯，会带来两种不良的后果：其一是严重影响阅读的进度，其二是对书中的内容理解不全面。当读者在逐字阅读时，往往把更多的注意力倾注到某个字或词上，而忽视对整个段落或整篇文章的理解，导致我们"捡了芝麻，丢了西瓜"，得不偿失，不能更好地理解整篇文章。

（3）回头阅读。其实很多人都有回头阅读的习惯，之所以会不自觉地回头阅读，是因为觉得自己前面阅读时注意力不集中，或者记忆力差，抑或是对某些句子或段落不太理解。可这种阅读习惯会给自己带来很大的阅读障碍，更会造成解读混乱，分不清前后联系。

其实，回头阅读对读者理解全文的帮助并不大，只会给理解带来难度。如果读者陷入对某一个词或某一个句子的重复阅读，势必会影响大脑思维功能的充分发挥，导致读者不能理解整体内容。

上面所讲的，是常见的不良阅读习惯，希望大家通过了解之后，改变自己，养成良好的阅读习惯。

3. 快速阅读的基本原则

我们生活在如今的社会环境中，只有高效地学习，有效地阅读，才能短时间内发挥学习的功效，才能更好地适应社会。不断加强学习，就要求我们学会快速阅读，以便高效吸收新的知识，扩展自己的知识面，拓宽自己的思想深度。那么，怎么做到快速阅读呢？

通常来讲，只要我们在阅读的过程中充分运用下面的基本原则，就能提高阅读速度。

快速读书的六项基本原则

01　确定自己的阅读目标，明确自己是为了解决哪些具体的问题而读书

02　抓对阅读的重点，学到自己该学到的知识

03　加快自己的阅读速度，读取书中 20% 的部分

04　为自己设定阅读的时间，时间一到立刻停止

05　在阅读一本书之前，可以先快速浏览一遍

06　挑选的时候，只选 10 本书

图 5-2 快速阅读的基本原则

（1）确定自己的阅读目标，明确自己是为了解决哪些具体的问题而读书。只有在我们明确自己的读书目标之后，才能忽略那些不重要、细枝末节的部分，直接阅读自己需要的、重点内容的部分，以达到快速阅读的目标。

（2）抓对阅读的重点，学到自己该学到的知识。阅读一本书，并非要求自己从头到尾读完，而是先了解作者想要表达的中心与主题，只有这样，我们才能做到心中有数，直接把握重点。一旦把握重点，那么就算选择跳读也不会影响你对内容的理解。

（3）加快自己的阅读速度，读取书中 20% 的部分。很多人都担心在阅读的过程中遗漏重要的内容。我们在阅读时，多少都会有遗漏，只要在不影响对整体理解的情况下，可以选择快速阅读，因为选择快速阅读可以节省时间，还可以大大提高我们的阅读量，吸收更多的知识。我们读书的目的是为了充实自己，储备自己的知识库，建立属于自己的知识架构，好让我们在生活和工作中顺利地达到目标。所以，读书时，若是读 20% 的部分就能理解全部的内容，就可以忽略那 80% 的部分，这是一种有效的阅读。然后把更多的时间用在阅读其他书籍上，以便自己广泛地获取其他书上的精髓。

（4）为自己设定阅读的时间，时间一到立刻停止。为自己设定阅读的时间，使我们在精神上有一种紧迫感，这种紧迫感促使我们更专注，潜意识地把多余的内容和没有内涵的部分剔除掉。当然，不同类型的书籍，有不同的时间设限。比如读一本商业书，最好是 1～2 小时读完；有助于开发我们潜能类的书籍，读一本只需花 1 小时就可以；对于我们从未涉猎的书籍，需要 2 小时进行阅读即可。

（5）在阅读一本书之前，可以先快速浏览一遍。一般来说，当我们拿到一本书时，先看书名和作者。知名作者所著的书品质就能得到保证。还有根据作者所属的领域，学者型的作者，书的内容肯定偏向学术方面。经管类的书名，书的内容肯定侧重于企业经营、成功案例等。

再者，快速浏览书的前言、目录和后记等，了解这些内容后，才能大概了解这本书的范围和主题。

（6）挑选的时候，只选 10 本书。懂得选读书目，有助于我们快速掌握某一领域的信息与动向，比如商业书籍，不需要全部买回来阅读，只要从中精选权威著作来阅读就能大概了解当前的商业形势，因为商道万变不离其宗，差别只是在技巧运用上。那么，我们如何挑选呢？

首先，明确我们要做什么，想实现什么，确定自己的读书目标。然后围绕这个目标挑选相关的书籍，而且要挑选出有品质的书籍。

明确自己的读书目标后，选书可以用类别集中法。要是对心理学感兴趣，就专注选读这个类别的书，进行大量阅读。我们想读透某一领域的知识，必须靠大量的阅读，把握这一领域的基本脉络。

其次，适合自己的才是最好的，选书也是这样。要选择适合自己的书，因为晦涩难懂的书，阅读起来只会让自己失去信心，也耽误自己的时间。

最后，为了让我们在生活和工作中更顺利，经验类的书最为适合我们，因为这方面的书是作者根据个人的生活经历提炼出来的，给我们参考的价值很大，比如读商业类的书，就能学习别人的成功之道，以防自己走弯路，走错路。再读一些专业类的书，理论结合实践，我们将收获更大。

总之，我们在读书时，建议采用二八法则，在我们明确读书的目标之后，能够又快又好地掌握书中的知识。

5.2 思维导图阅读的好处及应掌握的基本能力

思维导图灵活的思考方式决定了它可以广泛运用到生活、工作中的各个领域。在阅读的时候，我们其实也可以运用思维导图来梳理一本书的阅读脉络。并且，这种特别的阅读方法具有它自身独特的魅力和优势。那么，在本节的内容中，将探讨一下思维导图阅读的好处以及读者制作一本书的阅读思维导图所需要具备的基本能力。

1. 运用思维导图进行阅读的好处

检索、删除、排序、分析、创新是运用思维导图阅读可以增强的五种阅读能力：

（1）检索。运用思维导图能让我们更好地用正确关键词检索出重点信息并进行阅读。当然，快速浏览也可以帮助我们找出和抓住重点，但是两者相比，运用思维导图能更好地提高阅读效果和阅读速度。

（2）删除。思维导图能帮助我们在时间紧迫的情况下，可以进行略读、跳读；而在时间充裕的情况下，则可以去充分理解书的内容。

（3）排序。思维导图可以帮助我们把书籍的阅读次序排好，并且根据自己的阅读目的挑选书籍。

（4）分析。书中哪些知识是可以用的，哪些地方存在不足之处，怎样改进等系列问题如何破解，运用思维导图阅读就能帮助我们分析，从而让我们拥有更好的分析能力，并进行批判性思考。

（5）创新。运用思维导图阅读，可以创新自己的思维，有助于我们更好地阅读，进而学到新的知识。

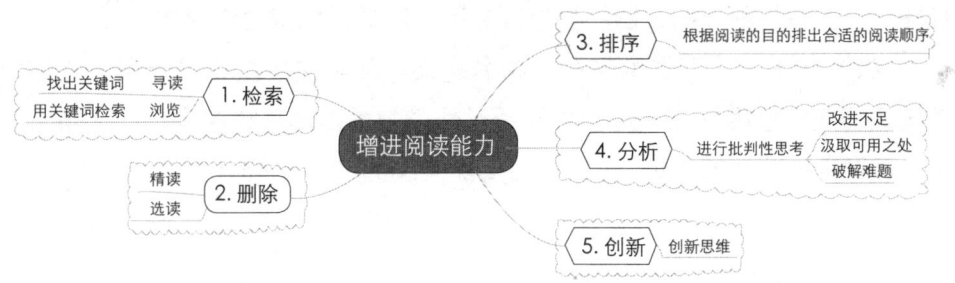

图 5-3 运用思维导图阅读法可以增强的五种阅读能力

2. 思维导图阅读应掌握的基本能力

以上我们分析了思维导图阅读的好处，看到这里，很多人可能已经迫不及待地想要尝试一下思维导图阅读法了。需要注意的是，尽管思维导图阅读法并不复杂，但是在进行具体的操作前，我们还是要掌握一些基本技能。具体来说，就是要学会文字化和图解化。

阅读文章、找关键词、分辨主要重点与次要重点、图解关键词及彼此间的关联性、结合图像记忆术是我们阅读书籍时常用的五个步骤，如图5-4所示：

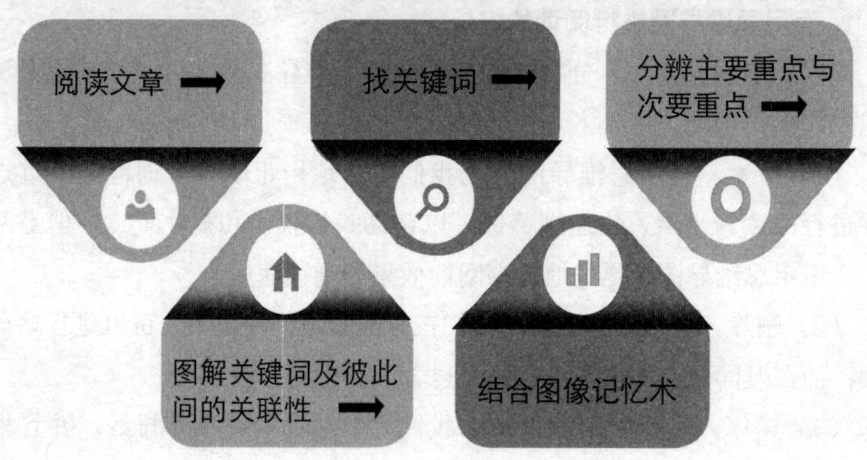

图 5-4 阅读思维导图的五个步骤

其实以上的五个步骤，在我们把思维导图运用于阅读的过程中，最终只需落实第四和第五这两个步骤：图解关键词及彼此间的关联性、结合图像记忆术。

那么接下来我们来了解一下思维导图绘制的四种类型：基本文字型思维导图、插图型思维导图、图解型思维导图、图像记忆型思维导图。

（1）基本文字型思维导图。顾名思义，基本文字型思维导图就是指由关键词构成的思维导图。这类导图透过线条把关键词连接起来，用线条来表示各关键词彼此间的逻辑关系。用手绘思维导图可以增强理解记忆的能力。

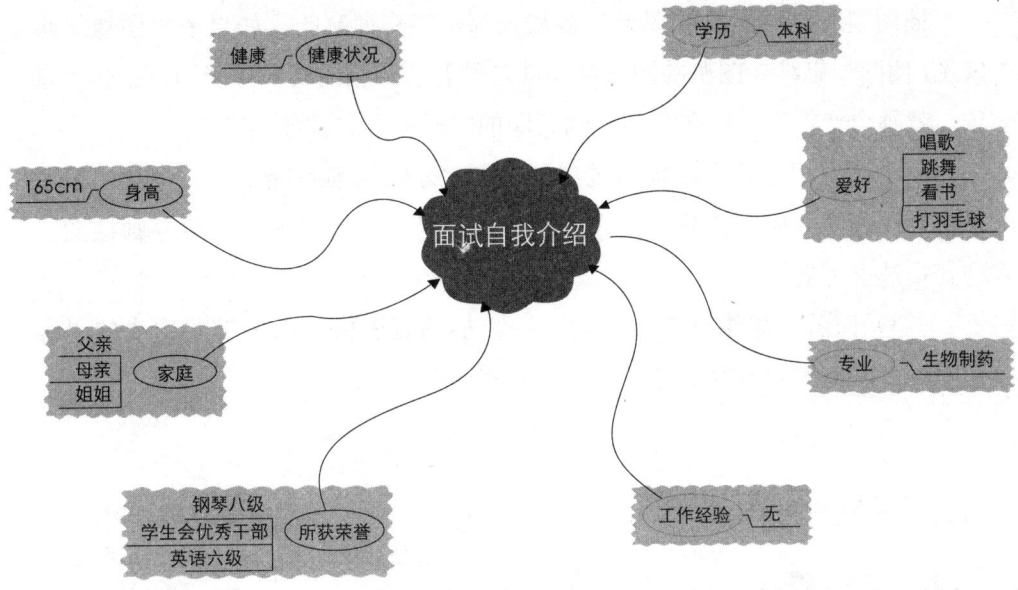

图 5-5 基本文字型思维导图

（2）插图型思维导图。可以有助于记忆，并且，有插图的思维导图看起来也比较有趣。

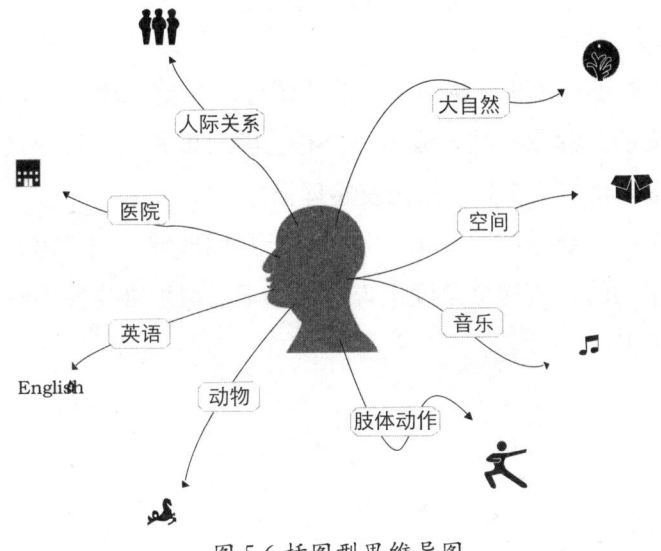

图 5-6 插图型思维导图

插图型思维导图里的图形，多数人都是能够理解的。如果依照图像等级来说，插图型思维导图里的图形其实就是幼儿园等级的转图像能力，例如，"音乐，就画个音符"，这在我们上幼儿园的时候就有这种能力了。

由于图像记忆能力必须通过不断地画，才能逐渐熟能生巧，因此，很多思维导图初学者画出的思维导图并不理想，甚至，很多人还会放弃画插图，这其实是很可惜的。

（3）图解型思维导图。包含文字、插图和表格，由关键图构成的思维导图就可以被称为图解型思维导图。如图 5-7 所示：

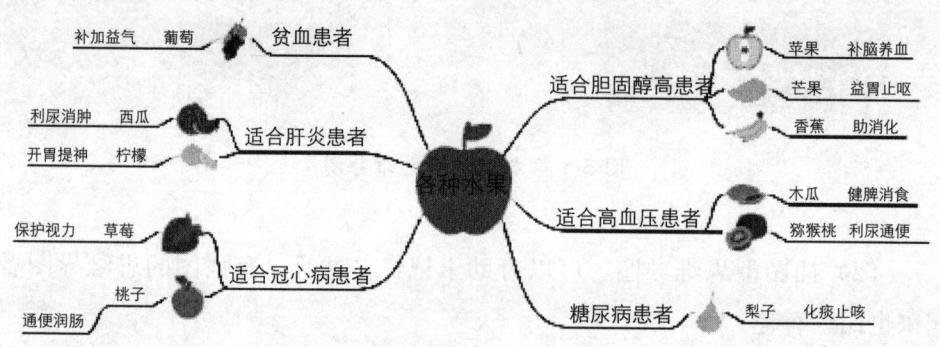

图 5-7 图解型思维导图

（4）图像记忆型思维导图。所谓的图像记忆型思维导图，就是指那些将每一个分支的关键图都结合成了一个有前因后果和关联性记忆图像的思维导图。它的主要特征是兼具了图像及整理记忆。

基本文字型思维导图的图像化效果对于我们理解并记忆思维导图主要内容是非常有帮助的。从这个角度来说，图像记忆型思维导图能够让我们记得更久、记得更牢。

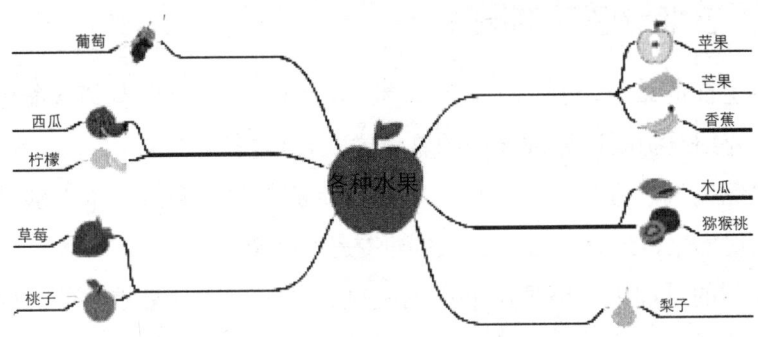

图 5-8 图像记忆型思维导图

以上四种思维导图，也代表着绘制思维导图的学习重点——从"文字化"到"图解化"。

想要达到阅读理解力的第一层次"掌握关键要素"及第二层次"掌握重点间的逻辑关系"程度，你需要具备画出正确的"基本文字型思维导图"的基础能力。

插图型思维导图可以训练并加强右脑的图像化能力，它是文字化到图解化的一个过渡。那么，应该如何表示自己的左脑逻辑力与右脑创意图像力在同步提升呢？简单来说，当你进展到能用各种不同的图表、图解来展现重点间的逻辑关系，并能绘制出"图解型思维导图"和"图像记忆型思维导图"时，你的思考效率会愈高，记忆力也会愈强。

在画思维导图时，虽说画出图解型或图像记忆型思维导图对加强记忆很有帮助，但假如遇到自己画不出来的内容，写字还是必要的。因为如果图像漂亮，关键词和逻辑却错误，那花费过多时间在画图上，就变得本末倒置了。虽然画图像可以提升记忆效果，但它绝非是画思维导图的唯一重点。思维导图的关键还是在于写出关键词，并正确表达关键词间的逻辑关系。

当然，每个人绘制的思维导图都是只属于自己的思维导图，是独一无二的。因为每个人的阅读目的、阅读对象、背景知识和逻辑架构都是不一样的，只要自己使用起来得心应手，不管是什么样的思维导图，那都是好的思维导图。

5.3 阅读思维导图如何画？

通过上面的章节，我们了解了思维导图阅读的好处以及基本能力。接下来将继续介绍绘制阅读思维导图的具体方式及步骤。

在绘制阅读思维导图的时候，为了有足够大的空间将一本书的关键情节或内容展现出来，选择一张足够大的纸是绘图的第一步。

在绘制的过程中，整理出书中的关键词和重点才是最重要的。因为绘制思维导图的目的就是让自己清楚、明确地知道自己想要了解的重点是什么。思维导图不用太花哨，只需要明确书中的流程，用自己看得懂、简单的方式表达即可。

接下来，将从思维导图的绘制阶段、绘制步骤、错误的绘制过程三方面来介绍思维导图的绘制。

1. 绘制阶段

我们要绘制读书类型的思维导图，并不是从开始读书就下笔绘制的。那么，我们究竟要从哪里开始绘制思维导图呢？

没有调查就没有发言权。同样的，绘制读书思维导图也是如此，想要绘制一本书的思维导图，至少要先把这本书通读一遍。在绘制思维导图前应该对所要阅读的内容有一定的了解，也就是说在绘制时需要俯瞰全局。当我们把书通读一遍后，就能了解这本书的主要内容和整体框架了，然后才能明白书中想要表达的主要思想是什么。

在进行第二遍或第三遍阅读的时候，我们就可以开始绘制思维导图。

在运用思维导图对一本书进行脉络整理时，是侧重呈现梳理书籍大纲，还是侧重呈现书中的知识要点，或者是侧重呈现读后感呢？首先，要选择出我们想要呈现在思维导图上的内容。

关于中心问题的选择，我们可以根据所阅读的书籍类型，以及自己所需要记忆的具体内容，去选择不同的中心主题。然后根据自己选定的中心问题，从不同的角度出发，展开发散分析。

刚开始绘制思维导图时，我们很可能对于书中关键点的把控不熟悉，那么我们可以把自己认为重要的点都放进去，然后在总结的时候，再根据自己对书籍的理解重新梳理关键点，调整思维导图。在最后整理思维导图的时候，可以更深入地整理。把书中精彩的内容或是关键点，作为备注分支添加到思维导图中，这样整个思维导图就会更加完整。

2. 绘制步骤

在书中获取所需要的知识是我们读书的目的。运用思维导图，我们可以更快地掌握书中的知识，因为思维导图可以把一本书变成一张对我们来说简单易懂易记忆的图，然后把所学的知识复制到我们的大脑之中。

多说无益，为了让读者更好地理解用思维导图读书的好处，下面，会给出一个运用思维导图读书的步骤。

需要注意的是，接下来的步骤只是为大家提供一种思路，在具体的操作中，还是需要结合实际情况来定，并通过不断地练习、摸索绘制出适合自己的读书思维导图。

绘制阅读思维导图的步骤如下：

第一步：为了对整本书的内容有一个初步的整体了解，我们首先需要浏览书的目录，然后快速翻阅书章节的内容。接着根据这本书的封面及内页插图在 A3 纸的中间画一个图像（纸张不能太小，否则没有足够的空间记录整本书的内容），当然所画的图像也最好与本书的主题和内容相关，否则会干扰我们对本书的理解和记忆。

第二步：根据书的目录和章节内容，从中间图像开始画出这本书思维导图的第一层和第二层，确定好主要分支的位置，把空间预留好，然后为自己设定阅读时间和阅读任务量。如果主要分支数超过 7 个，为了保证各分支有足够的记录空间，最好绘制两个思维导图。

第三步：找关键词。一般情况下，关键词占词汇总量的 10% 左右，多半为名词。迅速地把书中的内容浏览一遍，并在纸上写出关键词。浏览的速度最好快一些，不要把时间留在一些细枝末节上，如果确实遇到难点，可以先标注出来，到最后来解决。

第四步：为了更快地搭建出这本书的知识结构，我们需要根据书中的语境和语意把之前写下的关键词进行分类总结，并把分类总结后的知识点写在思维导图的第三层及后面各层的分支上。接着在思维导图上标出各知识点之间的逻辑关系，如果有需要调整的细节，则留在后面解决。

第五步：修改和完善已经完成的思维导图。为了加深读者对整本书知识结构的印象和记忆，我们还需要把第一层和第二层的分支加粗，适当添加一些色彩、简图、图标和符号等。

第六步：重新绘制。原本运用艾宾浩斯记忆法[1]复习已经完成的读书思维导图，但如有必要，你也可以重新绘制一遍，因为这样可以进一步加强对本书内容的理解和记忆。

不管是做读书笔记还是为应对考试而读书，思维导图都可以帮我们快速学习、拓展自己的知识面，达成自己的读书目标。因为运用思维导图阅读法，可以帮助我们迅速掌握一本书的知识体系和重点，并弄清各知识点之间的逻辑关系。

3. 错误的绘制过程

在绘制阅读思维导图的时候，一般容易犯以下几大错误。

（1）和玩连连看游戏一样，先将所有的字都写好，而后再把所有的线都画完。假如内容再多一点，用此法，就很容易连错关键词。而且刚开始画总是不好控制版面，这样画也难以训练一次就画出整齐版面的能力。

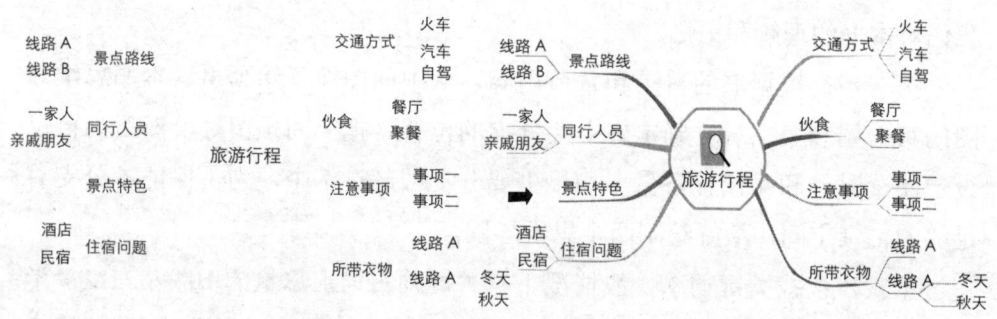

图 5-9 错误画法：先把所有字写好，最后再进行串联

（2）用铅笔打草稿。用铅笔打草稿的话，这样你需要重复画几次才能完成一张思维导图，这种操作太浪费绘制时间，不值得提倡。

---

[1]信息输入大脑后，遗忘也就随之开始了。遗忘率随时间的流逝而先快后慢，特别是在刚刚识记的短时间里，遗忘最快，这就是著名的艾宾浩斯遗忘曲线。遵循艾宾浩斯遗忘曲线所揭示的记忆规律，对所学知识及时进行复习，这种记忆方法即为艾宾浩斯记忆法。

（3）用单色圆珠笔写字，用各种颜色的色笔画线条。画思维导图时，若因为色笔太粗，必须用圆珠笔写字时，尽量找颜色和色笔一样的圆珠笔来写字，否则会看起来脉络很明显、文字却很淡薄，相比之下，文字就容易被淡忘掉。如果文字量再多一些，整个版面色块会变得很杂乱，更不利于阅读了。

（4）用"人、事、时、地、因、果、成本"当主脉。如果你是文学研究者，例如"红学"（研究《红楼梦》的学问），想要就文章中的人、事、时、地、因、果、成本逐一分析，就可以用5W2H来当主脉。

除此之外，具备故事性质的文章类型应该要用5W2H这几种思考角度来"挑选重点"，然后，用作者的描述次序或是事情演变的时间顺序为主，把该事件内的各种人、事、时、地、因、果、成本都整理在一起，这样才能看出作者的写作结构（即思考结构）。正确的"5W2H抓重点"方法，可参考前文中的阅读的四个层次相关内容。

以上，我们向大家详细讲解描述了绘制阅读思维导图的步骤和在绘图过程中容易犯的错误，希望通过这个章节，可以帮助大家提高自己的阅读能力。

5.4 用思维导图阅读不同书籍的实例

阅读的方式分为很多种，包括基础阅读、限时阅读、分析阅读和比较阅读等，无论通过何种方式阅读，我们都可以通过思维导图进行规划和设置，以求达到提高阅读效率的目的。下面我们通过对议论文、记叙文和指导性文章的分析，来教会大家如何用思维导图来阅读不同种类的书籍。

1. 运用思维导图阅读议论文

首先，我们以《谁偷了我的顾客》这本书里的一篇文章为例。告诉大家如何运用思维导图阅读议论文。

风险，来自公司文化的观点

从一开始，每个以顾客为主的项目，都会暴露公司观点与顾客观点之间存在着极大的歧异，而这些歧异有可能会完全毁掉投资原本会带来的利益。

为了确保成功的顾客经验，理想的做法是从顾客的观点由外而内设计接触点。第六章讨论到这么做可能有的机会，以及不这么做可能担负的风险。

不过，如果你尝试做但却做得不理想，所冒的风险可能会更大。用意良好的顾客提案却被公司文化给搞砸，这是常常可以看到的结果。

到底何谓管道接触点？从公司的观点来解读，管道泛指通路（Distribution Channel），换句话说，所谓的管道是分配并推出产品和服务到市场的媒介。但从顾客的观点来看，却是由顾客选择媒介来取得产品、服务和信息。你能看出公司和顾客的看法不一样了吧，这还不过是开始呢！

所有的产业都看得到这种现象，这里将以银行作为例子，想必我们都是某家银行的顾客，银行的例子将有助了解，观点的不同如何阻碍公司与顾客之间的关系臻至理想（见图5-10）。

5-10所描述的是今天银行典型的观点，也可以套用在其他产业。几乎所有公司的文化、观点和经营策略，都是认为与顾客的互动主要透过公司的通路，像是零售店、网络、电话中心等，银行可能还包括分行及ATM。此外，大型银行会认为它的企业，是由多种独立且以产品为重的单位所组成，每个单位自成一局，虽然有共同的顾客，却无法共享顾客的信息。每个企业单位通常有自己的产品，像是信用卡，也与他们的顾客维持一种独断的关系。这些企业单位使用分行、ATM、网络、电话客服中心、语音回复系统等通路，分配并推出产品和服务到市场，但是对于支持这些管道的基础架构却未能，甚至抗拒共享。从独立的企业单位观点来看，因为各自为政，所以每个单位都需要独特的基础架构，银行中使用的组织、流程、文化，甚至是语言是由内而外设计并实行的，并以产品主导一切观点。顾客在人生事件及顾客生命周期当中透过银行的观点来检视（见图5-10）。

最后，银行将顾客区隔视为依照共同特性分群顾客的方式，不过却是出自银行内部观点，像是"顾客的价值"或"有相同银行产品的顾客"。银行从企业模型和观点出发，想开发计划改善顾客忠诚度与留住顾客。

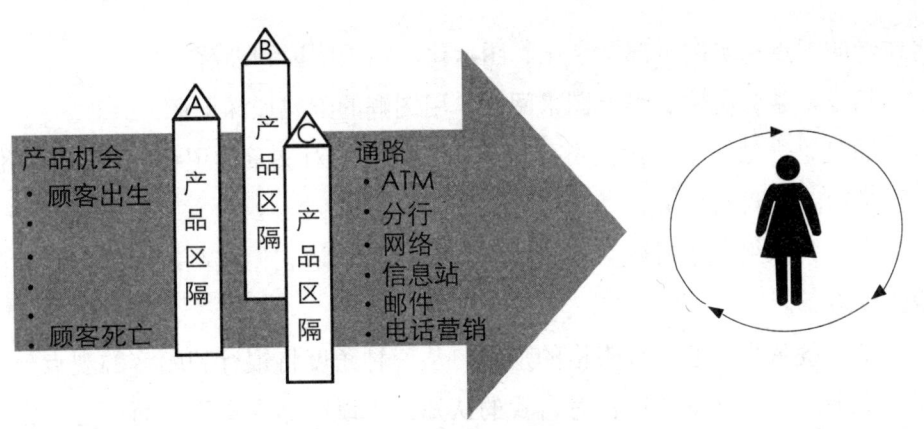

图 5-10 银行与顾客的联系管道

　　——选自哈维·汤普森著《谁偷了我的顾客》，北京联合出版公司

　　其次，我们需要找到这段节选文章的中心，然后将其文字化。

　　议论文的中心其实就是作者的论点，《谁偷了我的顾客》属于企业管理类书籍，通过对节选内容的浏览，我们发现作者通过阐述银行和顾客的观点，用实例对比论证了自己的论点。这些实例主要对作者的观点起到支撑的作用。

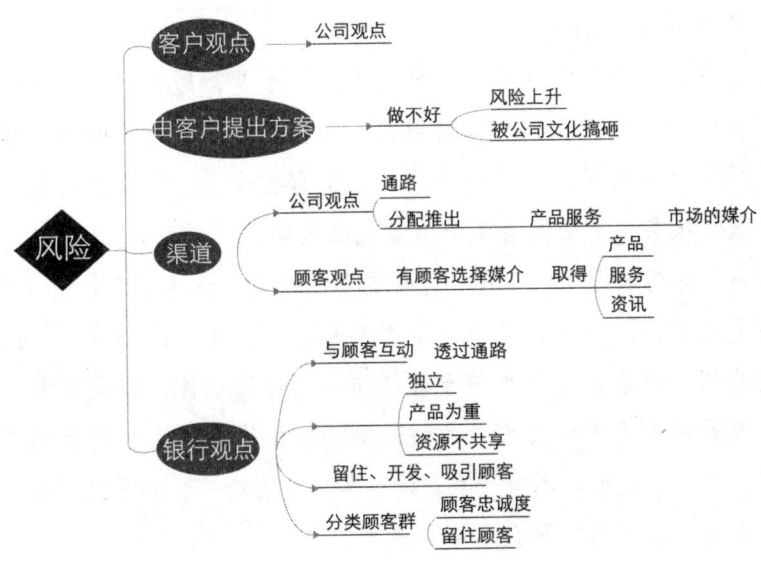

图 5-11 "风险，来自公司文化的观点"思维导图

　　对以上节选，我们进行层层梳理便可以绘制如图 5-11 思维导图，导图

将作者的观点和实例全部文字化、图示化，便于阅读和理解。

第三，学会利用思维导图来阅读，用图解的方式加深记忆。

通过思维导图来阅读文章可以有效加强我们对文章的记忆。我们所要做的只是理清楚四条脉络：

第一条脉络：了解顾客观点和公司观点，知道它们彼此之间的分歧和隐藏的风险。

第二条脉络：通过列表格的形式，从三种角度将银行和顾客的观点一一列举出来，便可以得知银行对自我的认知是"以产品为重"，而顾客对银行的认知是"以银行的需求为主"。

第三条脉络和第四条脉络：用"箭头图"陈述流程。

绘制思维导图时，可以将图解图形全部融入脉络，如此一来会更加利于我们记忆和理解。

2. 运用思维导图阅读记叙文

首先，我们以《爱丽丝梦游仙境》这本书里的一篇文章为例，告诉大家运用思维导图阅读记叙文。

第一章 掉进兔子洞

看来，守在小门旁白等也没有什么用处，于是，她又回到桌子旁，希望再找到一把钥匙，或者找到一本教导把人像望远镜那样缩小的书。这次，她在桌上发现一个小瓶子。（"它刚才一定没有在这里。"爱丽丝说），瓶口上系着一张小纸条，上面写着两个很漂亮的大字："喝我。"

"喝我"听起来好像很不错，可是聪明的小爱丽丝不会急忙那么做。"不行，我得先看看，"她说，"上面是否有写着'毒药'两个字。"因为她听过一些精彩的小故事，关于小孩子被烧伤、被野兽吃掉，以及其他一些可怕的事情，都是因为没有记住大人的话，例如，火钳握得太久就会把手烧坏；用小刀割手指就会出血；还有一点，她也牢牢记在心中：如果把写着"毒药"瓶里的药水喝进肚子里，那么迟早会遭殃。

然而，这个瓶子上并没有标记"毒药"字样，于是爱丽丝大胆地尝了尝，味道倒很好，它混合着樱桃馅饼、奶油蛋糕、菠萝、烤火鸡、牛奶糖、热奶油面包的味道。艾丽斯一口气就把一整瓶喝光了。

"好奇怪的感觉呀！"爱丽丝说，"我一定是像望远镜里那样变小了。"

果然，现在她只有十寸高了，大小正好可以穿过小门到达那个可爱的花园里去。她高兴得眉飞色舞。不过，她又等了几分钟，看看自己会不会继续缩小下去。想到这点，她有点紧张了。"结果会怎么样呢？"爱丽丝对自己说，"也许我会一直缩小下去，就像蜡烛的火苗那样到最后全部熄灭。那么我会怎么样呢？"于是她又努力想象蜡烛熄灭后的样子，可是想了半天也想不出来，因为她不记得见过那样的东西。

——选自刘易斯·卡洛尔著《爱丽丝梦游仙境》，人民文学出版社

其次，我们需要找到这段节选的中心点，然后将其文字化。

《爱丽丝梦游仙境》属于故事性记叙文，记叙文讲究六要素，即事情发生的时间、地点、人物、起因、经过和结果。或者还有常见的5W1H，即Who、When、What、Where、Why、How。通过这两种方式我们都可以找到文章的中心。

对于记叙文来说，理清故事的顺序是非常重要的，它可以帮助我们把握故事的来龙去脉。举一个简单的例子，在"今天妈妈带我去超市买了很多东西，因为家里的冰箱空了，可是现在我们有吃的了。"这句话中，很明显句子是按照"在什么时间""谁""在什么地点""做了什么事""为什么要这么做""做完的结果是什么"的顺序描写的，那么这句话的重点顺序就是："时>人>地>事物>因>果"或是"人>时>地>事物>因>果。"

爱丽丝按照时间的顺序分别做了几件事，我们从导图中5-12便可以了解。

在绘制记叙文思维导图时，表示绝对因果关系的关键词要上下层分级，先因后果也可，先果后因也可，可按照自己的喜好来绘制，只要方便自己理解即可。

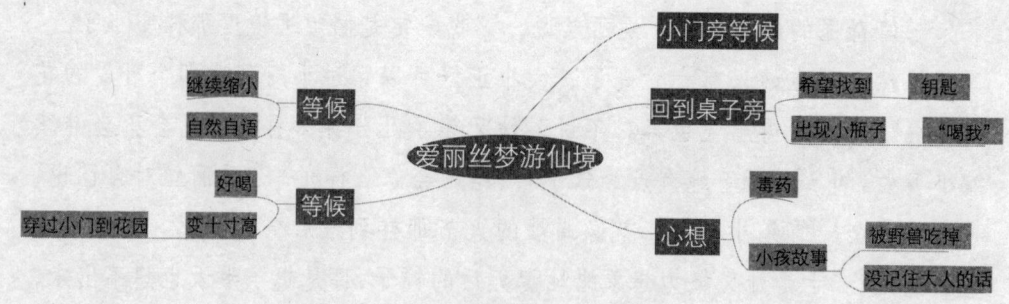

图 5-12 爱丽丝梦游仙境（掉进兔子洞）

第三，学会利用思维导图来阅读，用图解的方式加深记忆。

我们可以通过"结合心像法转图像"的方式对故事绘制思维导图，主要理清以下五条脉络。

第一条脉络：爱丽丝站在门边，爱丽丝很大，门很小。

第二条脉络：爱丽丝发现了放在桌子上的小瓶子，小瓶子上写着"喝我"。爱丽丝充满疑惑，脑子里想着钥匙和一本书，书边上还有个三角形，这个本来很大的三角形变成了一个小三角形。

第三条脉络：用一个问号来表示后面的一系列疑问。画着骷髅头的瓶子是"毒药"，"小孩"边上是一系列文字，代表"听有关小孩的故事"，下面分支的关键词用动作代替。

第四条脉络：爱丽丝喝瓶子里的液体，大拇指代表很好喝，爱丽丝喝完变成了小人，旁边的量尺体现出她的身高，变小之后就可以从小门通过并看到花园了，而笑脸则代表了爱丽丝很"高兴"。

第五条脉络：爱丽丝头上有个表，代表她在"等待"。大三角形变成中三角形再变成小三角形，代表爱丽丝不断缩小，两个一样的人中一个对另一个我说了些东西，代表"自言自语"，蜡烛的火焰上有叉和问号，代表"像蜡烛一样熄灭"。

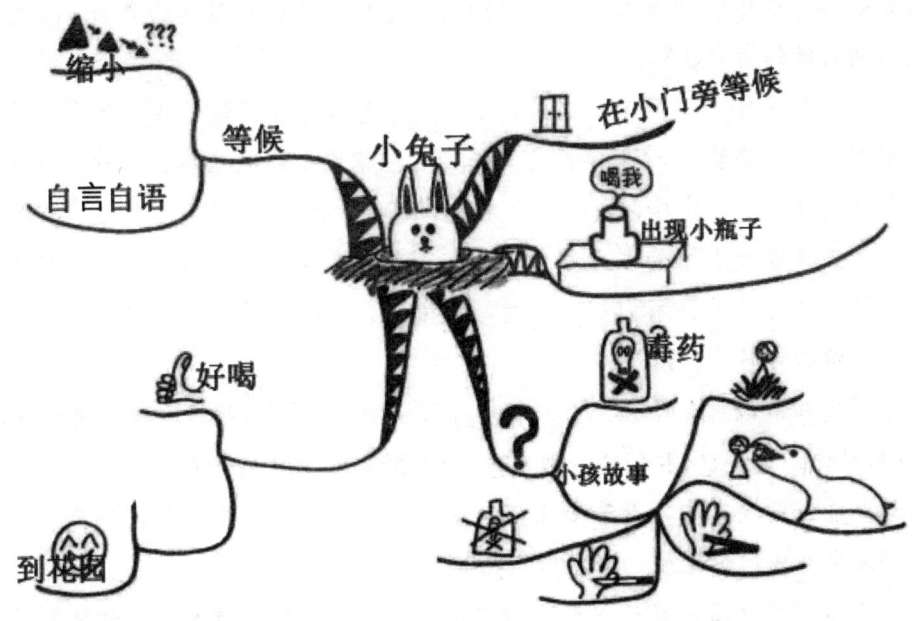

图 5-13 爱丽丝梦游仙境（掉进兔子洞）（结合心像法转图像、插图）

很多人看记叙类文章，比如小说和故事，只是为了消耗时间，即便如此，还是可以通过画思维导图的方式提高自己的理解力，这样一来可以通过不断练习，提升自己对记叙文题材整体的理解力。

3. 运用思维导图阅读报道性文章

首先，我们以《赖斯：世界上最有权力的女人》这本书里的一篇文章为例，告诉大家如何运用思维导图阅读报道性文章。

1992 年，赖斯也因她的贡献被人类和科学学院授予"教学奖"，并被评为"年度女士"。参议员摩根（Becky Morgan）称赞她说："赖斯代表了一个女人所能做到的一切：聪明、有才干、备受尊敬。她是年轻女士的杰出榜样。"

一年后，她被任命为斯坦福大学教务长——财务负责人和学校第二高职位，这又给她带来一场惊喜。

她的职位让许多教育者都感到不可思议：她刚满三十八岁。她的前几任都比她老得多，至少都六十岁。不少批评家挑剔她对这项工作没有经验，说她不适合。有些人中伤说，她得到这个职位只是基于皮肤的颜色。毫无疑问，这些贬低都是由于一些人的忌妒和怨恨，她必须经过长时间的考验才能使那些人明白她的所有成就。

赖斯的工作并不简单，这是肯定的。身为教务长，她不仅要管理学校的十亿预算，还要管理 1400 名师生及员工。住宿问题愈来愈多，本科生的教学改革早就该做了，此外，斯坦福大学还有 200 万的亏空。

赖斯果断地着手处理这些事。在接下来的几年里，那些曾否定过她在这个职位上能力的批评家们都不再对她有微词：她减少预算、裁减人员。在她节俭政策的带领下，斯坦福大学摆脱了赤字。

"她知道她想要什么。"斯坦福大学国际关系研究学院的副院长凯特（Coit Blacker）说，"她说过，我们将在两年内消除掉赤字。这包括一些痛苦的决定……在这些痛苦的决定中，意味着必然会激怒到许多人。一个让赖斯感到害怕而又必须去完成的步骤就是消除赤字。"

身为一位铁面无私提倡节俭的委员，赖斯是如何对待她的工作的？"当人们必须改变生活环境时，我总是觉得不舒服。"她说，"当我调换别人职位时，总是试着让他们的过渡期变得简单容易些。但是，有时我也要做一些很难做的决定，而且还必须坚持。"

然而有一点赖斯却没能做到：那就是尽她所能让更多女性走上领导者的职位。

基于她和白宫的关系，并且又是"布什的朋友"，她很快就以顾问和高层管理人员身份进入了不同的监督机构以及跨国石油公司雪佛龙公司、嘉信理财、惠普公司以及 J．P．摩根投资银行。

尽管美国政界人士转进雪佛龙公司石油产业，或者由石油产业转入内阁的事不足为奇，但至今仍有许多人对赖斯转入雪佛龙石油公司的董事层还是不能理解。在公益的"新生代中心"，她把精力投入到孩子们的身上，并和弱势者打成一片。身为石油业的经理，她又代表着强者。有人察觉到这里有矛盾冲突：她从弱势者的维护者突然变成强者的维护者了吗？她的动机是什么？她在跨国石油公司寻求什么？影响力、权力、石油、美元？她觉得大学格局太小了吗？她对影响力和权力产生了兴趣吗？"权力是一种烈性激素。"季辛吉说。她沉溺在这种毒品吗？

——选自埃里希·沙克著《赖斯：世界上最有权力的女人》，世界知识出版社

其次，我们需要找到这段节选的重点，然后理清其脉络。

通过对文章的阅读，思考赖斯在什么时候做过什么？她做的这些事有没有关联？

类似于人物自传、回忆录等大部分也都富于故事性，因此也可以像记叙文那样来通过六要素或5W2H来选择关键词。同样以时间顺序，将各事件联系起来，理清脉络，再把具体的特点填充到思维导图中。

这里需要提醒大家的是，六要素只是提取关键词的方法，而并不是主干，若是直接将它们当成主干，那么各事件之间的关联性和结构性就会被打乱。

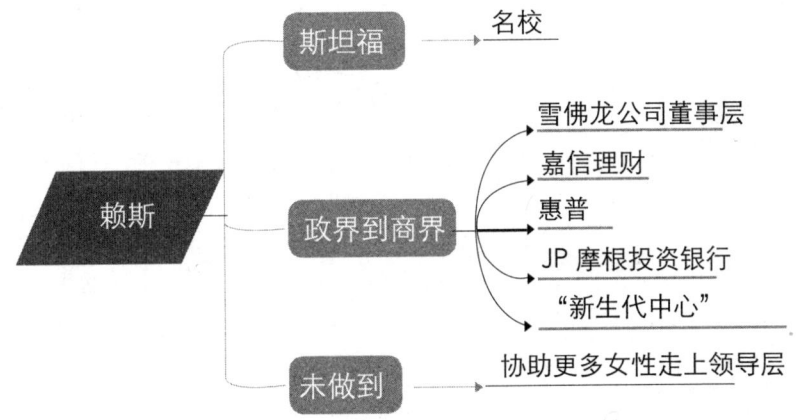

图 5-14 赖斯的职业生涯

抓住关键词之后便可以分析各个关键词之间的逻辑关系，进而绘制思维导图了。

第三，学会利用思维导图来阅读，用图解的方式来加深记忆。

通常我们可以利用数学中的"数线"来表示连续的数字。喜欢看历史类书籍的读者不难发现，书中很多地方会使用"时间轴"，以此代表各个事件发生的先后顺序。

　　在绘制思维导图的过程中，不必过分拘泥于形式，只要用精简的方式将我们的逻辑思维关系展现出来即可，思维导图是帮助自己认知和学习知识的，因此一切以自己为主，只要自己能看得懂即可。

第六章
合理利用，高效管理——思维导图时间管理

在生活中，你是否也常常有这样的困惑，总是感觉有做不完的事情，时间根本不够用；许多事情总是集中挤在同一个时间段开展，完全分身无暇；明明对一件事情期盼已久，却总是抽不出时间去完成……而导致这一切的根本原因，正是因为你并没有合理而高效地管理和利用时间。

本章将教给大家一个合理有效的时间管理办法——用思维导图进行时间管理。相信只要掌握了这一"独门绝技"，合理利用时间和高效管理时间就不再是难题。

本章内容如下：
➤你的时间都去哪了
➤四大常用时间管理方法
➤制定工作计划，有效管理时间
➤实操：思维导图管理时间

6.1 你的时间都去哪了？

很多时候我们会感觉事情多得忙不完，时间根本不够用，巴不得一天不是二十四小时而是四十八小时；有时候很多事情又挤在同一个时间里需要处理，让我们分身无暇，不知从何做起；还有些时候我们对一件事明明期盼了很久，却总也抽不出时间来做。

我们是真的没时间吗？我们的时间真的不够用吗？其实，在这个碎片化时代，人们的时间总是零零碎碎地被浪费掉，不管是工作、学习还是生活，大家总是在不知不觉中降低了对时间的利用率。那么我们的时间究竟是如何被浪费掉的呢？

1. 导致时间被浪费的原因

大体上讲，我们的时间浪费在以下四个层面：

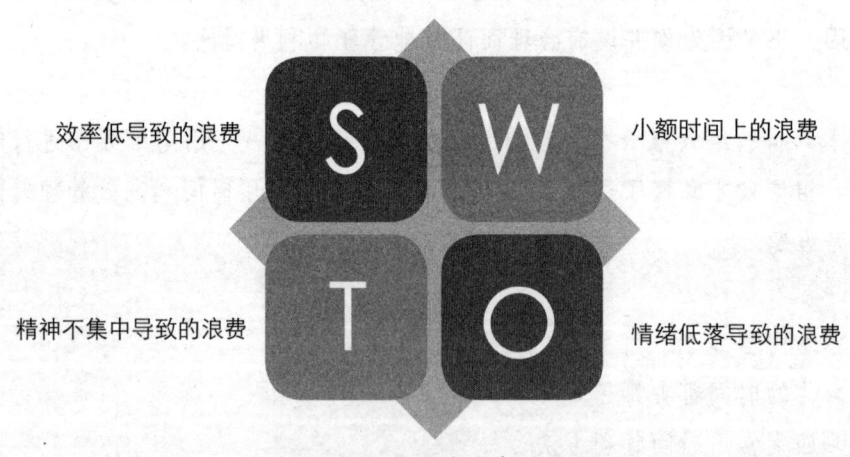

图 6-1 导致时间被浪费的原因

（1）效率低导致的浪费。效率低引起的时间浪费指的是本来可以一天完成的事情，却因为各种各样的原因拖到两天完成。比如开会这件事，日常会议通常没什么中心主题，因此会议上讨论的内容杂七杂八，如此一来便很容易拉长会议的时间。我们一起来看一个案例：

大学生阿华计划晚上七点半开始做作业。七点钟时，阿华想起最近一直在追的综艺节目今天更新，于是他便打开手机，想让自己在学习前先消遣半个小时，可是这一消遣便到了九点钟，阿华忍不住诱惑将整个综艺节目全部看完了。

此时天色已晚，他赶紧拿起书来想抓紧仅有的时间做作业。谁知十五分钟后，妈妈打来了电话，母子俩一顿嘘寒问暖之后已是将近十点钟。

阿华挂掉电话，本想着再写上半个小时的作业就洗漱睡觉的，结果隔壁寝室的同学来借开水想要泡面，阿华忍不住诱惑便和同学一起泡面享受了一顿夜宵，两人边吃边聊，谈笑甚欢，不知不觉已经十点半了，吃饱喝足之后一阵强烈的睡意袭来，阿华赶紧刷牙洗漱然后上床睡觉了。第二天作业没办法交给老师。

阿华在自己所规划的写作业时间里，写作业成了其他事情的陪衬，反而一系列跟写作业没关系的事情占用了他大部分的时间。

通过以上案例我们知道，做任何事情都要先确定好中心主题，做一个完善的规划，这样中间无论遇到什么意外，做起事情来都能主次分明，提高任务完成的效率。

（2）小额时间上的浪费。在这个时间碎片化的时代，无论是在学习、工作还是生活当中，都会产生一系列的碎片时间，比如等公交的时间、打电话等待对方接听的时间、比预约时间提前早到而等待的时间等。

除此之外，你有没有在早上闹钟响起的时候赖床不起，白白耗费了几分钟甚至十几分钟的"回笼觉"时间？这些小额的碎片化时间往往容易被我们忽略，而将它们叠加起来却会形成一笔很可观的时间财富，可以说小额时间上的浪费往往是你与别人拉开距离的关键所在。

我们拾起这些碎片化的时间，可以用它们做一些更有意义的事情，比如排队等公交的时间背几个单词、早上按时起床，将那些看起来微不足道的赖床时间用来为自己做一顿简易的早餐，既营养又健康。

（3）情绪低落导致的浪费。据相关调查显示，很多人在情绪低落的时候会因潜意识而造成时间上的浪费。人们遇到不顺心的时候就会产生悲伤、后悔等负面情绪，而这些负面情绪往往容易让人分心，做任何事情都难以集中精力。我们一起来看一个案例：

向伟是一名公司职员，前一天晚上他跟女朋友闹矛盾最后导致分手，向伟因此而伤心不已。第二天上班的时候，他的脑子里全是跟女友分手的场景。

此时，领导给向伟安排了一项非常重要的工作，向伟虽然情绪不太好，但还是接了下来。可是在整个工作过程中，向伟仍然难以摆脱失落的情绪，动不动就出现走神的状况。最后一天下来，他几乎什么都没有做成，不仅挨了领导的批评，而且还得加班将工作完成。

通过以上案例我们知道，负面情绪不仅会降低我们的工作效率，而且工作容易出错，在无形中增加做事的时间，因此只有消除负面情绪，改善自己的心情，早点让自己走出来，才能避免时间上的浪费。

（4）精神不集中导致的浪费。无论做任何事情，只有专心致志才能做到最好，一旦精神不集中，出现走神的现象，浪费宝贵的时间，最后则一事无成。下面我们来看一个案例：

阿梅工作的时候总是喜欢跟旁边的同事侃侃而谈，两个人因为都喜欢看偶像剧而总是有聊不完的话。她时常跟同事分享最新的偶像剧，第二天还会根据前一天的剧情而发表各自的看法。

虽然因为工作的原因两个人并不会聊太长的时间，但是聊完之后她们的思绪还沉浸在刚刚的话题中，很难快速融入工作，因此做起事来也很难安下心来，出现精神不集中的现象。每到这个时候，阿梅都要重新整理思绪，而这个整理思绪的过程总要耗费一段时间，而且本来脑海中曾经闪现的一丝创意也消失得无影无踪。如此一来，原本一上午便可以完成的任务，可能费一天的时间都难以做完。

通过以上案例我们发现，做任何事情都要专心致志，一心不能二用，如果一边聊天一边工作，或者一边吃东西一边工作，那么精神就难以集中在工作上，从而打乱工作安排，造成时间上的浪费。

除了因为自己精神不集中而导致的时间浪费之外，换一个角度来说，我们也会因为别人的打扰而造成时间的浪费。比如有同事主动跟自己聊天，即便手头的工作比较紧，我们往往也得忙里偷闲合理地做出一些回应，否则会显得不太礼貌，影响跟同事之间的关系。

除此之外，有些人过于"热心"，他们总是喜欢对别人的工作指指点点，即便对方没有请他们帮忙，他们也会主动请缨，帮助同事完成工作项目，以展现自己的能力。或者，有的人为了与同事搞好关系，总是会帮别人打印文件，或者帮老板端茶送水等。不管是帮别人完成工作，抑或是帮老板端茶送水，这种刻意的"好心"往往会耽误自己的工作进度，最后得不偿失。

为了珍惜自己宝贵的时间，你除了要做好自己的分内工作之外，当同事向你提出不合理的要求时，也要懂得委婉拒绝，如果碍于面子答应下来，那么最后不仅浪费自己的时间，而且也会让双方处于尴尬的境地。

无论做任何事情，都要制定好合理的时间规划，不要因为别人的打扰而乱了方寸，最后出现双输的局面。

2. 导致时间管理不善的原因

之所以会出现时间浪费，主要还是因为对时间的管理不得当，只有发现在时间管理上出现的问题，我们才能对症下药，从根本上解决问题，避免不必要的时间浪费。

那么导致时间管理不善的主要原因是什么呢？

(1) 做事没有计划。很多人无论做任何事情都没有计划，想要做一件事便马上付诸行动，不会提前做好计划，这样一来在做事情的过程中一旦遇到问题就会慌了手脚，不知道下一步具体该如何做，最后导致事情没有办法进展下去。

做事情没有计划是浪费时间的主要原因之一，只有提前做好计划，理清楚哪一步容易出现问题，找出解决问题的方案，才能合理安排时间，少走弯路。要时刻清楚，同一件事会有不同的处理方式，只有提前做好计划，进行周密的分析和整理，才能找到最佳的解决方式，制定出合理的时间计划，从而最高效地完成任务。

制定周密而完善的计划，是完成一项工作的重要环节，同时也是保证工作能够顺利完成的有效手段，它可以减少不必要的时间浪费，并明确我们的中心目标，按计划一步步完成自己的任务。

（2）进取意识不强。一些人在面对工作时总是持消极的态度，他们总是无意识地浪费时间，不管遇到什么问题都只是一味地推卸责任、找各种借口，而且做事情还拖拖拉拉，一旦工作没办法完成，他们就会怨天尤人，找各种理由。这样的人没有责任心和进取心，因此做任何事都很难成功。

没有进取意识的人对时间不敏感，他们总是将时间浪费在刻意逃避问题上，根本不会有任何时间规划，因此必须要树立正确的价值观，做好自我反省，才能从根本上提升自我，避免被时代淘汰。

时间是公平的，每个人的一天都是二十四小时，关键看你要怎么利用，只有做好时间规划，充分利用碎片化时间来提升自己，才能从根本上避免时间的浪费，做时间的主人。

6.2 四大常用时间管理方法

通过前面章节的学习，我们已经了解了合理利用时间、做好时间管理的重要性，那么时间管理到底为何物呢？

时间管理，即充分而有效地规划时间、运用时间，提高时间的利用率、降低不必要的时间浪费。

通俗来说，时间管理其实就是提前规划好自己要做什么事情、不能因为什么事情而分了心、先做什么事情、后做什么事情、每件事情大概要花费多长时间等。在做时间管理的过程中，梳理好主次脉络是非常重要的，这样才能有效地提醒和指引自己完成任务。

那么具体如何来进行时间管理呢？常见的时间管理方法有以下四种，我们可以根据自己的实际情况进行选择。

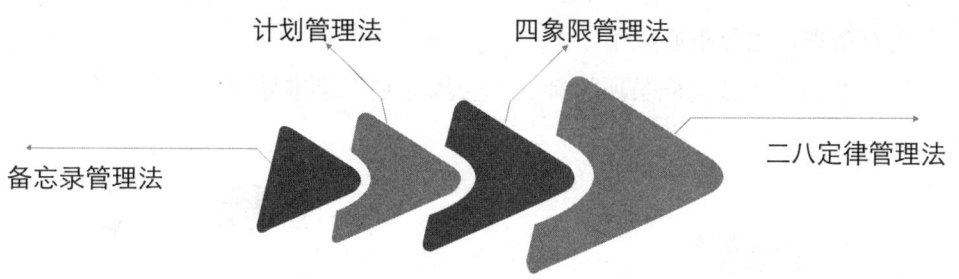

图 6-2 四大常用时间管理方法

1. 备忘录管理法

简介：备忘录管理法就是通过记录重要事件的方法进行时间管理。

工具：纸质版日历或是手绘日历、思维导图等。

特点：实用、操作简单，具有普遍适用性。

局限：只适用于时间较为充裕的任务管理中。

举例：销售员利用备忘录管理法进行时间管理时，可以记录自己当月的工作任务、需要拜访客户的具体时间、销售会议的开展时间等。通过这种方式避免出现工作内容遗漏的现象。

思维导图是利用备忘录管理法进行时间管理的有效工具，可以根据自己的实际情况绘制年度备忘录思维导图、月度备忘录思维导图、周备忘录思维导图等。这样一来便可以很清楚地了解自己的工作任务，以及每一项任务之间的关系等。

2. 计划管理法

简介：将同一时间段需要做的多项事务进行时间规划和安排的管理方法。

适用范围：多适用于时间紧、任务多的情况。

工具：思维导图。

举例：提前为下周进行时间规划时，可以利用思维导图绘制"一周工作计划"，上面注明一周内需要完成的事项，并明确标出每一件事的具体执行时间。

利用思维导图实施计划管理法时，不仅可以整体把控一周的作息计划，同时还可以随时随地一目了然地明确自己在每个时间段该干什么，做起事情来会更有条理，也更得心应手。

图 6-3 为一个公司职员所绘制的"一周计划"思维导图。

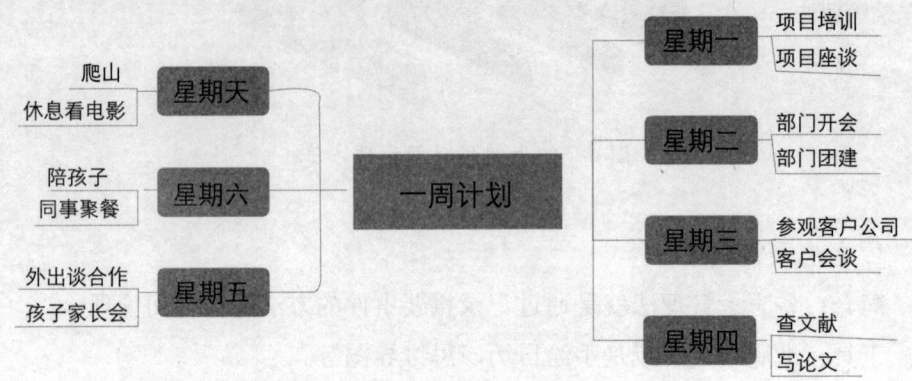

图 6-3 思维导图做计划示例

3. 四象限管理法

简介：将需要完成的事项分成四种类型，即重要且紧急的事情、重要但不紧急的事情、不重要但紧急的事情、既不重要也不紧急的事情，然后根据个人情况依次列于四大象限中。（参考图 6-4）

适用范围：需要完成的事项多而杂，不可能全部安排在时间表上。

特点：轻重缓急分明、有条理、便于做出决策。

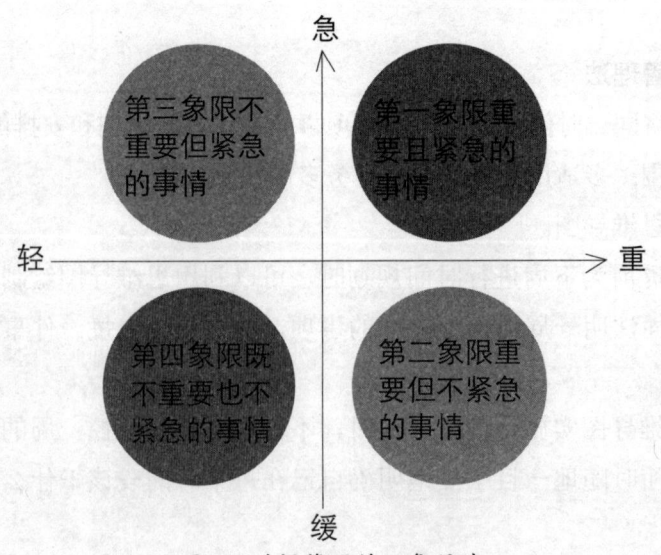

图 6-4 时间管理的四象限法

有一些人一整天下来忙得头晕目眩却做不出什么成绩来，之所以会出现这样的现象是因为他们做事情时没有主次观念，也没有进行合理的时间安排。四象限管理法可以通过对事情的轻重缓急进行分类，有效避免上述状况的发生。

需要注意的是，在具体运用四象限管理法时，我们要根据自己的实际情况将所有事项合理分配到不同的象限中，提前做好主次规划。例如对于乒乓球运动员来讲，做各项乒乓球练习运动自然要比跑步或者读书更为重要。此时可能有人会问，如果四个象限中的所有事情都需要在同一时间完成，那么到底该先做什么事后做什么事呢？很多人的第一反应可能是按照第一象限→第二象限→第三象限→第四象限这一顺序来完成任务，他们的准则就是先完成重要的事情，可是如果需要将一定的时间合理分配到不同象限中时，又该如何做呢？

要回答这个问题，首先我们需要考虑将大部分时间用在不同象限上时会有什么后果，　如下面的思维导图 6-5 所示。

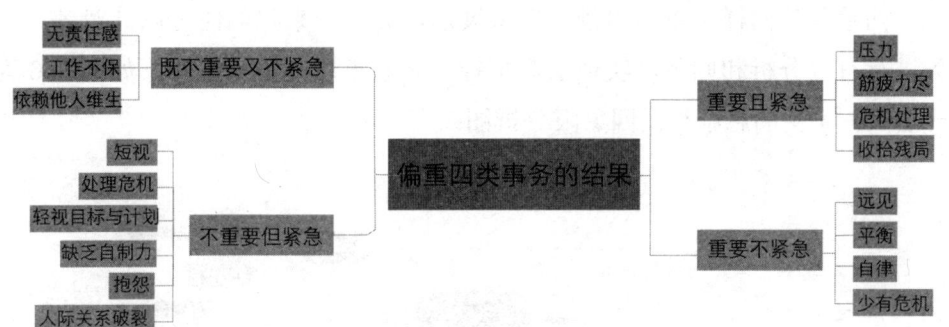

图 6-5 偏重不同类型任务的结果

当我们将自己的大部分时间用在处理重要且紧急的事情上时，容易出现压力大、过度劳累的现象，需要精神时刻集中起来应对各种各样的危机，丝毫不能懈怠，还要不断收拾各种残局；相反，当我们将大部分时间用在处理重要但不紧急的事情时，压力相对来说就不会那么大，做起事情来也就从容很多，考虑事情的角度也会更加全面，我们可以根据自己的远见、平衡力和自律能力将事情做到趋于完美。

　　但一些人认为，自己每天需要处理的事情大部分都是重要且紧急的事，因而根本无暇顾及那些重要但不紧急的事。其实很多时候重要且紧急的事情都曾经是重要但不紧急的事情，只是因为我们没能有计划地完成重要且紧急的事情，最后导致不紧急的事也变得紧急了。因此，在进行时间规划时，一定要将目光放长远，且关注那些重要但不紧急的事情，这样处理起事情来才能有条不紊。

　　具体说来，可以采用以下态度处理各象限事务：

　　重要且紧急的事情：严格把控，让该项事务保持在一定的范围，防止其扩大，给自己徒增压力。

　　重要但不紧急的事情：多花时间和精力在该项事务上，为长远利益做好铺垫。

　　不重要但紧急的事情：尽量将该项事务的范围缩小化，避免不必要的时间浪费。

　　不重要且不紧急的事情：尽量避免这种事项的出现。

　　四象限法同样可以用思维导图来展示，如此一来我们便可以针对各项事务进行有效分析和归类，实现宏观把控，做起事情来主次分明。如图 6-6 为一名大三学生的思维导图四象限分析图：

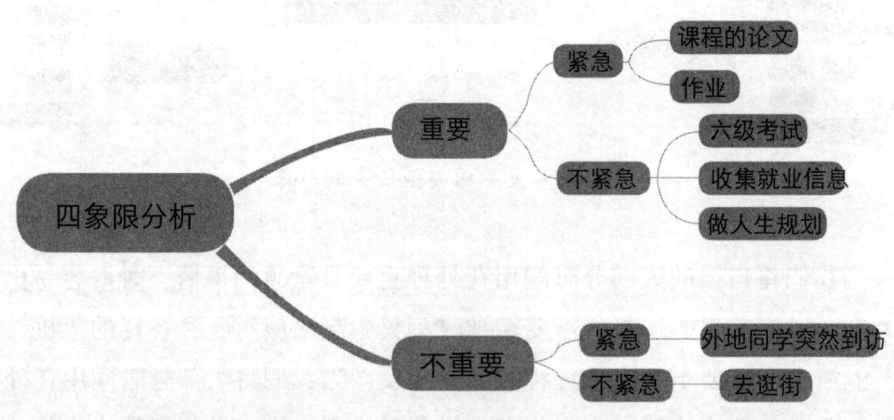

图 6-6 思维导图用于四象限分析示例

4. 二八定律管理法

二八定律也被称为帕累托法则、不重要多数法则等，是著名的意大利经济学家帕累托提出的重要定律。该定律指出，所有事情中，重要的部分通常只占 20%，而剩下的 80% 基本是次要的。

这一定律同样可以运用在时间管理上。我们通常会将 80% 的时间用在一些琐事上，而这些琐事给我们带来的仅仅是 20% 的成效；反过来说，我们又时常将 20% 的时间用在比较重要的事情上，而这些事情却能给我们带来 80% 的成效。

所以，运用二八定律进行时间管理时，我们首先要找到自己在那 20% 的时间内所做的较为重要的事情，然后设法将做这些重要事情的时间扩大化，通过这种方式来优化我们的时间分配，降低不必要的时间浪费，这样才有效提高我们获得的价值。

同样的，二八定律也可以用思维导图的方式表达出来，如图 6-7 所示，我们可以将所有事情按照收益的大小分成两大分支，再根据每件事的投入大小进行下一步划分，如此一来我们便可以从思维导图上清楚地看到自己在什么事情上需要花费较多的时间和精力，并有针对性地实施，通过优化时间管理以求得到更多的成效。

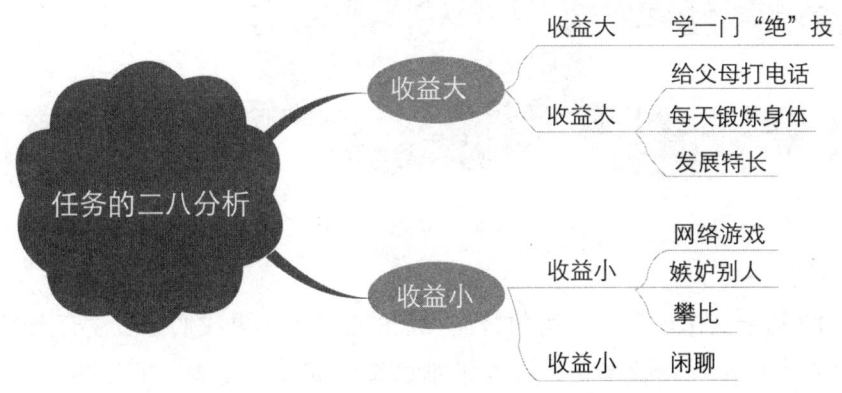

图 6-7 思维导图用于二八分析示例

以上四种时间管理方法各有特色，我们在实际运用的过程中可以根据自己的需要选择合适自己的方法，当然也可以综合多种方法进行时间管理，只要能最大限度地达到自己的目的即可。

6.3 制定工作计划，有效管理时间

熟悉方法之后就要进行有效利用，不管想要通过何种方法实现高效的时间管理，都要提前制定工作计划。平时我们不管做任何事情都要提前进行计划和安排，这样一来目标就更为明确，具体实施的细则也会更加详尽，不仅有助于提高做事情的积极性，也能使整个工作进程有条不紊地进行下去。

1. 工作计划的作用

鉴于计划的督促性能，我们每个人在做一项任务之前都要制定工作计划，这不仅可以有效考核工作进度和完成质量，同时还可以维持工作秩序、提高工作效率。有关工作计划的作用，我们具体总结如下：

图 6-8 工作计划的作用

（1）制定工作计划可以有效督促我们的工作。如果我们身边没有人督促，或者没有指标进行量化考核，那么很难单靠自觉性去完成一项任务，往往会因为懒惰或外界的引诱而偏离主题，做一些没有价值的事情，最终不能及时完成任务，造成工作上的滞后。所以，为了克服这种惰性，我们在做任何事情之前最好先制定计划，这样一来对照计划逐步进行实施，往往会得到令人

满意的结果。制定计划可以有效督促我们工作，防止在完成任务的过程中出现滞后。

（2）制定工作计划可以帮助我们提示记忆。前面我们提到过"好记性不如烂笔头"，大脑的记忆时长是有限的，因此只有将信息记录下来，以便随时随地查看、翻阅。做事情亦是如此，提前做好计划，将一切事务细节记录下来，那么不管在任何阶段都可以清楚地看到自己的工作进程，同时也知道下一步该干什么，防止任何一个环节出现遗漏的现象。因此，制定工作计划可以帮助我们提示工作进程。

（3）制定工作计划可以帮助我们理清思路。如同绘制思维导图一样，制定工作计划其实也是大脑进行思考的一个过程，一旦工作计划制定完成之后，我们基本上也对这项工作进行了一遍梳理，明确轻重缓急和重点难点，在接下来的工作中也就能做到心中有数。

（4）制定工作计划可以帮助我们培养良好的习惯。制定一份合理的工作计划，然后按照计划一步步实行，这个过程会让我们在无形中养成一种良好的习惯，想要完成计划，做事情就不会拖拖拉拉，想要完成计划，自然而然就会有一定的责任感，不会推诿，更不会依赖别人，因此，制定工作计划可以让我们养成良好的作息习惯。

（5）制定工作计划可以帮助我们总结回顾。完成一项工作计划后，我们便可以从中得出一些经验，这样通过不断的积累，整个人就会得到一定的提高，一次会比一次做得更好，其实这就是不断回顾总结、积累经验的过程。通过不断分析问题，还可以避免同类问题再次出现，这样工作就会越来越得心应手。

工作计划可以是月计划、周计划甚至是当日计划，不过，将三种计划进行有机结合，不断对一系列工作内容进行梳理，才能更好地完善进度，让工作安排更合理。

2. 计划如何制定？

明白了制定工作计划的重要性之后，我们又该如何来制定工作计划呢？我们以周计划为例为大家讲解。

周计划做好了才能更好地落实月计划，从而更进一步地为年计划的实施做好铺垫，我们可以利用思维导图来制作周计划，具体如下。

图 6-9 如何制定一个清晰的"一周计划"

（1）先安排固定时间。制作周计划前，首先要确定出合理的时间范围，可以是从周一到周日，也可以是从周四到下周周三，可以根据自己的工作习惯或公司的工作安排来制定，要以工作的考核管理为基础。

在周计划中，每一天都要分出早、中、晚三个阶段作为分支，这一点在工作日时间内尤其要严格执行，而休息日则可以根据自己的实际情况进行分支和规划。

不管是学生还是上班族，我们都会有一部分安排是固定的时间。对于学生来说，上学的时间是固定的，而对于上班族来说，上班的时间是固定的，因此在安排其他活动，例如休闲娱乐活动时，就要考虑这些固定时间，只有充分安排好固定时间，才能清楚自己具体的可自由利用时间有哪些，如此便可以将其他事项穿插在固定时间的间隙，将这些较为零散的时间充分利用起来，实现有效的时间管理。

需要注意的是，安排一系列事项的时候，一定不要过于饱和，适当为自己空出一些休息的时间，这样才能防止大脑压力过大，做事情也会更有效率。

（2）以自己的生物钟时间为基础。当我们平时的作息时间安排本身就比较规律的时候，就没有必要刻意去重新进行安排并强制自己适应一个新的习惯了。制作计划表要以自己的生物钟为基础，让一切事务跟着自己本来的习惯走，这样工作效率会更高一些。

除此之外，在进行工作计划安排的时候，要根据自己的生物钟，将较为重要的事项安排在自己工作效率高的时间段完成,这段时间可以学习新知识，或者做重要的工作，而将那些不太重要的工作安排在空余时间可能受外界干扰的时候去做。

（3）为自己设置一个"自由的一天"。在一周的时间里，可以选出来一天作为自己"自由的一天"，在这一天时间里，我们可以处于完全自由和放松的状态,没有任何非要做的工作,也不用去考虑任何让自己有压力的事情,这一天可以任由自己支配，同时还可以作为一个缓冲的调控时间，防止自己在出现问题的时候不知所措。

（4）计算并且预留可控时间。正如《阿甘正传》中的一句台词："生活就像是一盒巧克力，你永远不知道下一颗是什么味道。"所谓计划赶不上变化，不管是生活还是学习中，总会出现计划以外的事情，因此，我们在制作计划的时候，要进行合理计算，并且预留出可控时间，这样一来，当发生意外状况的时候，我们便可以冷静地应对，避免问题的扩大化。

需要注意的是，在实际操作过程中，真正的可控时间往往是我们留出来的可控时间的一半。因此要合理安排时间,把握好可控时间才能真正掌握时间,从容面对一切不可控因素。

（5）为计划确定一个目标。当我们想要完成的事项有很多的时候，首先要进行仔细思考和总结，设定一个完整而明确的最终目标，这个目标没有必要是多么远大宏伟的，反而是越小、越容易实现最好。因为相对于目标的数量和大小来说，目标能否成功实现才是更加重要的。那些小而容易的目标更方便实现，这样一来就会增加我们的成就感，完成周计划的过程也会更有动力，为以后的计划实施增强了可行性。

（6）设定合理的奖惩制度。在制定计划的同时，也要根据实际情况设定合理的奖惩制度。只要按规定时间完成某个计划，就给予自己一些"好处"，可以是一顿美餐，也可以是某项娱乐活动等，与此同时，一旦未能按时完成计划，那么就要接受一定的惩罚，比如罚自己一个星期之内不准吃最喜欢的零食等。通过奖惩制度，给自己一定的动力，这样一来在完成计划的过程中会更具积极性和主动性，也带有一定的娱乐色彩。与此同时，奖惩制度本身就与考核挂钩，是一种正面而积极的鼓励方式，能促进我们在工作和学习中更加上进，取得更好的成绩。

6.4 实操：思维导图管理时间

无论做任何事情，时间管理都是很重要的一环，而思维导图则可以帮助我们进行有效的时间管理。这一节我们一起来学习如何利用思维导图进行时间管理。

1. 老师：做好时间管理，掌控教学进度

老师的工作是教书育人，他们需要在有限的时间里完成一定的教学任务，并准确掌控教学进度，保证学生在一定的时间内学习规定的知识和内容。

作为一名老师，要做好时间管理，掌控教学进度，因此可以利用思维导图做教学计划和安排，这样便可以有效而直观地了解教学计划的完成情况了。

老师在制作教学安排思维导图的时候，可以根据自己的实际需求，相应地制作长期或短期教学安排思维导图，图 6-10 为某一中学教师绘制的一个单元的教学进度思维导图。

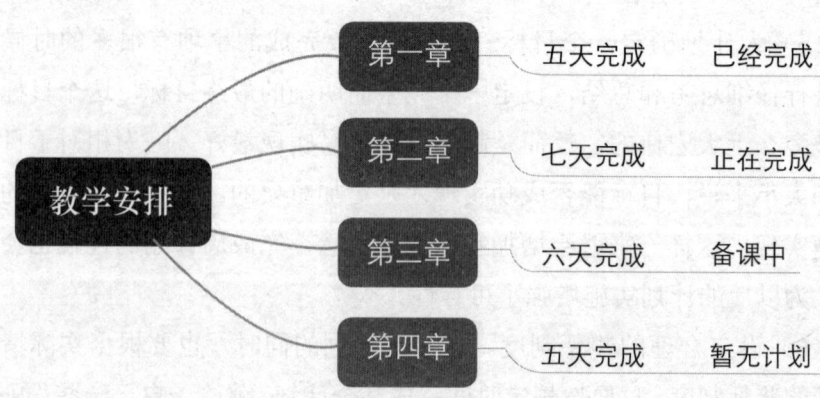

图 6-10 "教学安排"思维导图

QM学生：做好时间管理，提高学习效率

随着学习压力的增加，一些学生总是爱抱怨自己的时间不够用，其实时间是最公平的，并不是时间不够用，而是你的学习效率不够高，不能充分合理地利用有限的时间。因此，在学习的过程中，学生可以自己绘制一张有关学习计划的思维导图，规定好什么时间做什么事，通过将计划体现在思维导图上这种做法，可以让自己把时间充分利用起来，并督促自己合理而有效地完成计划，提高自己的学习效率。

绘制有关学习计划或者学习时间的思维导图时，学生也要联系自己的实际情况，比如下图某个学生便从"开源"和"节流"两个方向入手，为自己接下来如何充分利用时间，提高学习效率做出了合理规划。

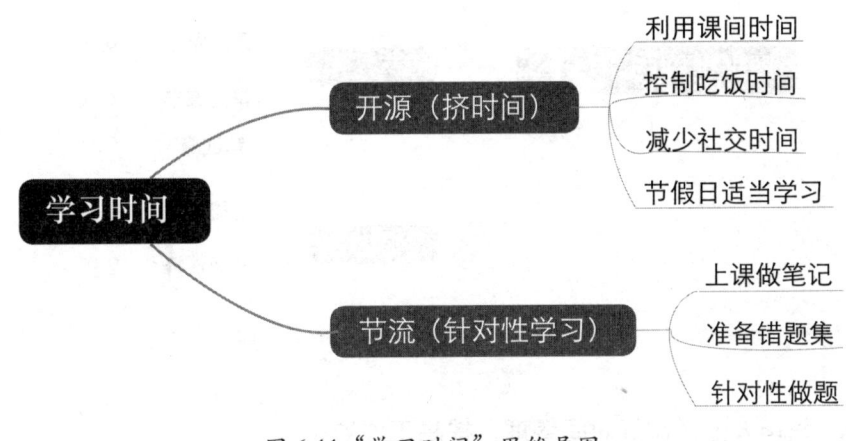

图 6-11 "学习时间"思维导图

3. 图书作者：做好时间管理，按时交稿

写一篇作文和写一本书有很大的差别，对于图书作者来说，不仅要使自己写出来的内容连贯流畅，同时还要构思和规划整个书稿的结构安排。因此，图书作者在撰稿过程中也可以利用思维导图制定合理规划，不仅要对图书结构的安排进行设置，同时还要把控时间，合理分配时间并按时交稿。

在制定时间管理的思维导图时，图书作者可以根据设定的时间周期和书稿结构，整体把控整个撰写流程，让自己合理有效地利用时间，并按时完成撰稿工作。

在实际绘制思维导图时，图书作者可以根据所写书稿的内容和结构完成时间的规划，图 6-12 是某一书稿作者所绘制的一幅"图书撰写计划"思维导图。该作者的交稿周期为 35 天，作者将撰写书稿的流程分为策划大纲、正文写作和审阅校对三个部分，而且根据每个部分的特点又相应地画出了具体的操作项目的时间分配，最后，其将整个撰稿时间设定为 30 天，留出 5 天时间防止不可控因素的出现。

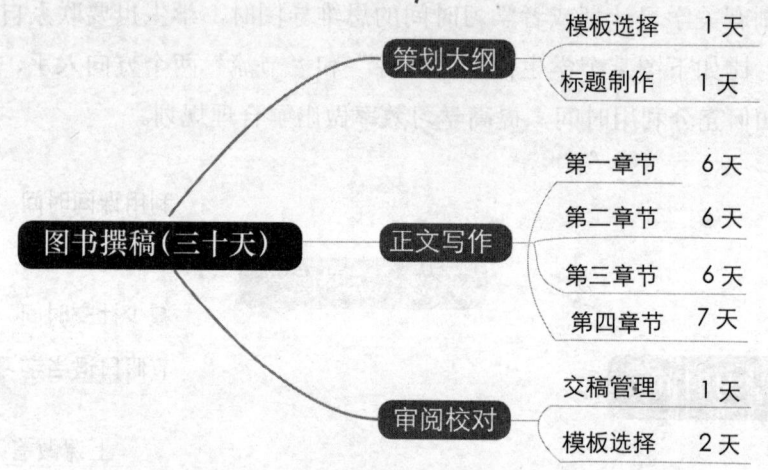

图 6-12 "图书撰写计划"思维导图

4. 职场人士：做好时间管理，提高工作效率

很多时候，作为职场人士，需要处理的事情杂而多，如果没有进行合理的时间规划，那么做任何事情都容易丢三落四，最后把自己弄得手足无措。因此职场人士想要提高工作效率，就要提前做好计划，安排好时间，通过绘制思维导图来将所有工作进行合理的排序，这样工作起来会更具逻辑性，工作效率也会得到有效提升。

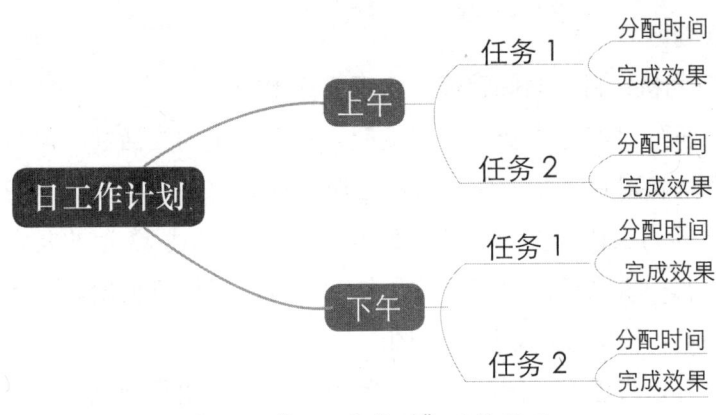

图 6-13　"日工作计划"思维导图

5. 商务人士：做好时间管理，合理安排出差工作

商务人士需要常常出差，因此提前做好计划，进行合理的时间安排就显得尤为重要了，这样才能防止自己因为事务繁忙而遗漏重要事项，或者因为没有提前进行规划而错过好的商机。

为了在出差和工作中避免出现差池，商务人士最好根据需要有针对性地做一个时间规划和安排，常见的商务人士出差计划思维导图呈四象限形，如下图所示，可以将出差任务分为"重要紧急的事""重要但不紧急的事""不重要但紧急的事""不重要又不紧急的事"，然后将琐事归类分支，这样一切事务都一目了然，想落下一件事都是非常困难的。

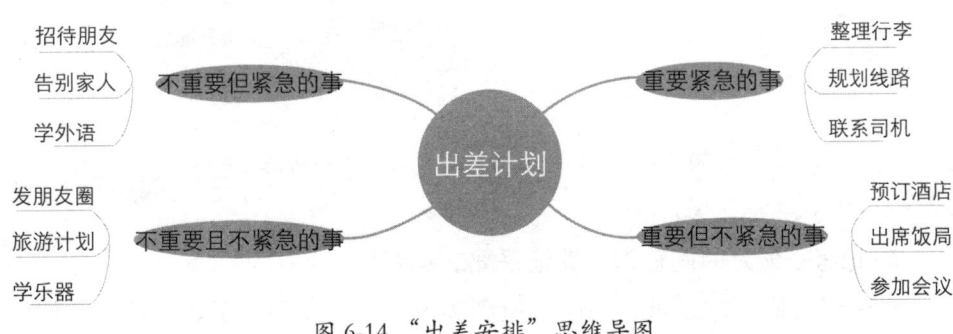

图 6-14　"出差安排"思维导图

有一点要提醒大家，在绘制出差安排思维导图时，需要考虑同一件事因所处的情境不同可能紧急程度也会有所不同，所以一定要根据实际情况做出

最合理的规划。

6. 专职司机：做好时间管理，合理安排出行

专职司机的时间通常受老板的支配，具有一定的灵活性，但是从细节上来讲，专职司机对每一次工作任务的准时完成也有必要提前做出规划，因为老板通常会因为工作需要对专职司机提出"XX 时到达 XX 地的要求"，而司机往往也会有一份老板的日程安排，如此，专职司机可根据老板需要和自身实际情况绘制一份出行规划思维导图。

例如，可以将思维导图的主题设置为"XX 领导出行规划"，分支即为到达各个地方的时间，而次分支则可以根据不同分支，也就是到达不同地点的时间，设置为"预计行驶时间""剩余时间"和"最佳路线"。这样，专职司机便可以通过思维导图了解当前工作任务，并以最高效的出行方案按时完成任务。

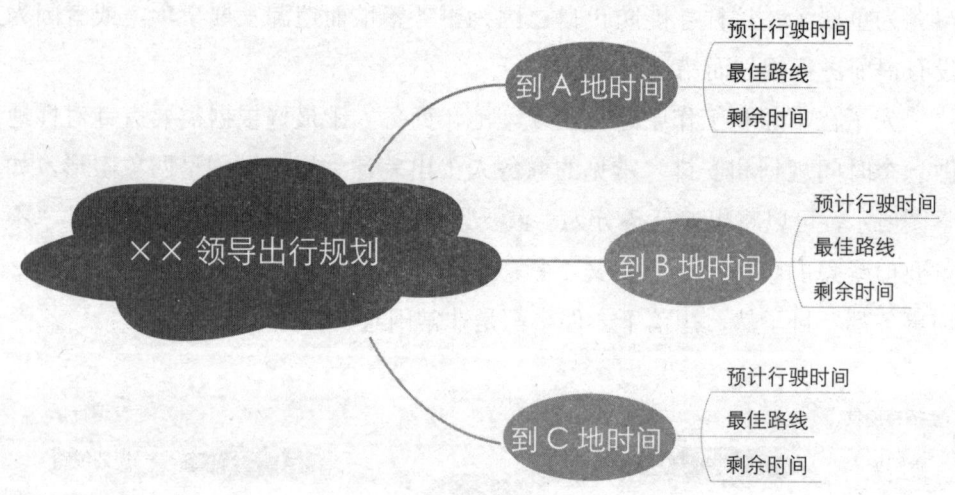

图 6-15 "××领导出行规划"思维导图

7. 记者：做好时间管理，保证采编的及时性

对于记者而言，最重要的就是抢到头条新闻，获得一手资料，因此他们的工作对及时性的要求非常高，只有采编及时，才能获得最有价值的材料，而只有做好时间管理，才能保证采编的及时性。因此，对于记者来说，绘制采编规划思维导图也是一件非常重要的事情。

一般情况下，记者的采编任务可以简单分为"采访前""采访中"和"采访后"三大部分，采访前通常要做好准备工作，如资料的查询、问题的准备和相关人员的联系等；而采访中则主要负责提出问题并做好笔记；采访后记者不仅要通过对采访内容的审查和各项材料的搜集进行文章的构思，还要撰写和提交稿件。将这一系列工作内容进行分门别类之后，一张采编规划的思维导图也就做好了。

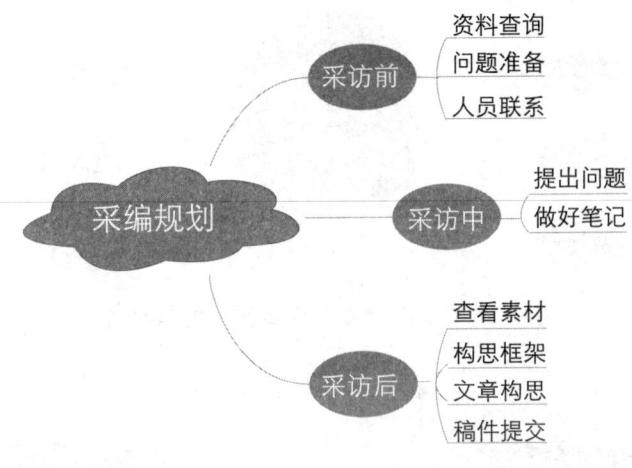

图 6-16 "采编规划"思维导图

思维导图可以让记者随时随地查看自己的工作任务，同时帮助他们合理安排时间、制定工作方案，提高工作效率。

8. 家庭主妇：做好时间管理，优化时间利用率

家庭主妇的时间通常由自己来掌控，并没有多大的压力，但她们每天的任务却非常多，比如做饭、清洁房间、洗衣服、购物等，很多家庭主妇还要负责接送孩子上学，除了接送孩子有时间要求之外，剩下的家务大多琐碎而自由，因此容易耽搁下来，浪费很多宝贵的时间。因此对于家庭主妇来说，绘制思维导图、优化时间利用率是极其重要的。

家庭主妇可以根据需要绘制任务和所需时间思维导图，并在此基础上绘制具体时间段规划思维导图。例如，在绘制任务和所需时间思维导图时，可以先将自己当天需要完成的任务罗列出来，作为第一分支，然后将各项任务

需要的时间罗列出来，作为第二分支。接着，在绘制具体时间段规划思维导图时，将自己的可利用时间进行具体的分配即可，如哪个时间段购物、哪个时间段做家务等。

绘制思维导图可以让家庭主妇清晰明了地了解自己的工作任务，心中有了一定的目标，便更容易督促自己完成一系列琐碎的工作了。

图 6-17 "下午需要做的事情" 思维导图

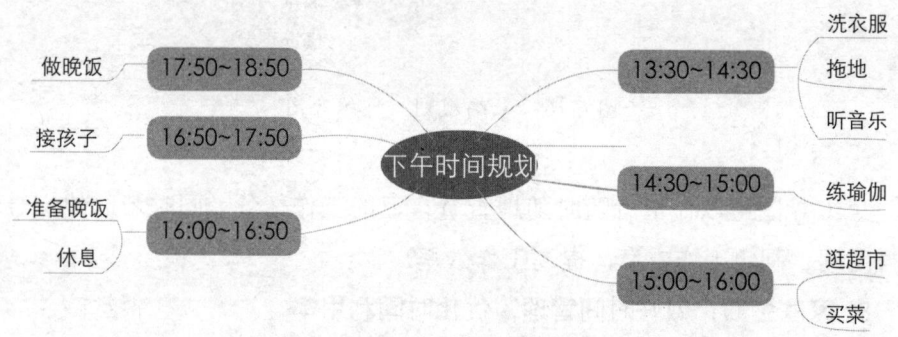

图 6-18 "下午时间规划" 思维导图

9. 导游：做好时间管理，安排出行有条不紊

导游的日常工作除了带领游客游览和介绍景区之外，还要完成督导管理的任务，而对游客进行出行管理是极其重要的，因为这直接决定了整个行程能否顺利完成。因此，作为导游，一定要有效掌控出行活动，那么具体如何来规划行程呢？

导游可以根据实际情况绘制 "一日游规划" 思维导图，将上午和下午具体要做的事项一一罗列，并将具体时刻表都要清楚地规划出来，这样一来才能避免浪费时间，让整个出行任务有条不紊地进行下去，具体可参考图 6-19。

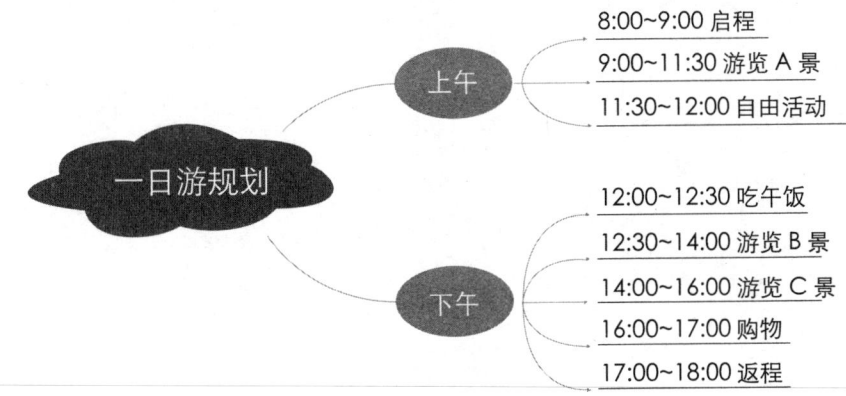

图 6-19 "一日游规划"思维导图

第七章

理清思路，提高效率——思维导图高效学习

思维导图是东尼·博赞为解决学习问题而发明的。如今，随着思维导图的日益发展和不断完善，它在学习中的指导作用也变得越来越广泛。利用思维导图，我们可以更好地构建知识体系、理清学习思维、完成学习计划、提高学习效率。

本章将从思维导图对学习的重要意义出发，详细地阐述利用思维导图进行高效学习的方法和技巧。

本章内容如下：

➤运用思维导图有效地构建知识体系

➤运用思维导图提高记笔记的效率

➤运用思维导图对词汇进行理解和记忆

➤运用思维导图完成个人学习计划

➤运用思维导图考出好成绩

7.1 运用思维导图有效地构建知识体系

很多学生在学习的过程中总是死磕知识点，一些学习成绩较差的学生甚至连基本概念都没理解。在这样的前提下，应付相对简单的周考、月考等阶段性考试还可能勉强通过，但随着知识点的不断增加，各个知识点之间会形成较为复杂的联系，此时，想要记住并理解这些知识点（包括定义、定理，还有各种原理）是非常困难的，容易顾此失彼，最后乱作一团。因此，要想成为真正的学霸，就要摆脱死磕知识点的僵局,尝试构建属于自己的知识体系,这样才能将知识掌握通透，为己所用。

那么如何用思维导图有效地构建知识体系呢？在本节的内容中，将为大家详细介绍。

1. 思维导图构建个人知识体系的原则

用思维导图构建个人知识体系需要遵循两个原则：

（1）用思维导图绘制知识内容要简明扼要。作为构建知识体系的有效工具，思维导图一定要在简单的基础上点明要旨，否则便失去了其根本意义。用一个关键词代表知识点，然后由关键词引起一些相关思考，通过不断地延伸导图，实现从一到十，甚至到百的裂变。掌握一个关键词便可发散思维，全局性掌控完整的知识图解。

（2）用思维导图绘制知识系统要实用高效。绘制思维导图也要讲究经济实用，要设法让可视化的学习内容从真正意义上促进个人知识体系的形成，这样一来不仅方便日后查看、深化理解，同时还有助于知识的不断积累，只用数十个关键词便可以将整套知识体系串接起来，将思维导图的优势充分发挥。

2. 用思维导图构建知识体系的步骤

用思维导图构建知识体系主要有以下步骤：

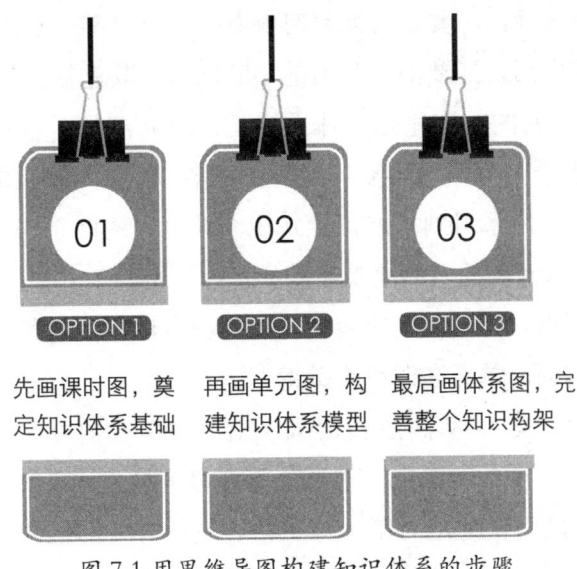

图 7-1 用思维导图构建知识体系的步骤

（1）先画课时图，奠定知识体系基础。所谓的课时图，其实就是对一节课或几节课上老师所讲的重要知识点的整理，是整个知识体系的基础，针对性较强，主要目的是加深概念与概念之间的联系，让知识更加立体和可视化。课时图中的内容通常具体到每个知识点，可以在听课完成后，于课间进行复习、归纳和绘制，具体步骤如下：

A. 明确知识点。结合教材和老师课上讲解的内容将本课所有的知识点进行梳理并列举出来。

B. 选择关键词。将知识点进行梳理列举之后，通过分析对比，便很容易发现本节课的核心词，老师在讲课的过程中通常也会不断重复这个词，那么该词就是关键词。当然，也可以自己总结提炼关键词。

C. 明确第一分支。在导图中，第一分支的选择是非常重要的，它集中概括了本节课的所有知识点，不仅让各个知识点彼此独立，也能使其共同搭建成本课的主要内容，并为下一分支的拓展奠定基础。第一分支要高度概括知识点内容，但不可过于繁琐，点到为止。

D. 完善成图。课时图一般包含两到三个分支，可根据实际情况进行绘制，需要注意的是，在绘制的过程中一定要将各个分支之间的关系罗列清楚，位置设置也要科学合理，不要在后期复习查看时连自己都理不清思路。

课时图完成之后，还要随着学习的不断深入对其进行优化和完善。

（2）再画单元图，构建知识体系模型。单元图是对教材的某个单元进行的知识整理，包含的知识内容要比课时图更多，是各个课时图的有效结合体，可以让学生的知识体系得到拓展，让知识系统之间的联系进一步加深，具有较强的整合性，单元图的具体绘制步骤如下：

A. 明确知识点。将本单元所有课时的知识点进行梳理和列举。

B. 选择关键词。单元名即可作关键词。

C. 明确第一分支。各课时知识点即可作第一分支内容。

D. 完善成图。在单元图中，第一分支内容是整个体系的重要连接点，因此学生必须能准确而快速地对第一分支内容进行有效回忆和整理，这样才能推动第二分支及后续知识的整理，使其融入到整个知识体系中。单元图完善成图的过程就是知识体系模型的搭建过程。

单元图与课时图相比，不仅仅是知识的罗列，它对知识点之间的内在联系进行了有效说明，使其有条不紊地紧密相连，是整个知识体系的雏形。

（3）最后画体系图，完善整个知识构架。体系图是对某一阶段学习内容的整理和绘制，此时老师对整个知识内容的讲解基本已经进入完结状态，学生也已掌握该阶段的所有知识。从某种程度上讲，体系图是对整本教材中的知识系统进行的梳理和整合，是学生纵向发展的有效保障。

体系图的构建与课时图和单元图基本一致，但需要指出的是，由于体系图是在整个教材学完之后建立的，所以分支内容较为灵活，既可以按照教材本身的顺序进行搭建，也可以通过自己的总结、整理和加工自行搭建。由于思维导图本身就是学生对自己所学内容的梳理、感悟和总结，具有一定的主动性，因此没必要拘泥于教材，尽量自主完成构建，实现主观能动性，因为只有通过自己分析、总结的知识才是自己的，这样也更容易让自己的思维导图知识体系更具特色，更易为己所用。

用思维导图完成个人知识体系之后，还要常常与同学和老师进行沟通，不仅要让知识框架铭记在心，同时还要有效地表达出来，这样更容易掀起头脑风暴，激发灵感，为现有的知识体系添砖加瓦，使其更加牢靠，让隐性的知识更加明显，显性的知识更加可视化，最大限度地提高学习效率，成为真正意义上的学霸。

7.2 运用思维导图提高记笔记的效率

说到记笔记，很多人自然而然便想到了思维导图的发明者东尼·博赞，博赞先生在大学时期非常喜欢做笔记，每次看到自己记下来的一页一页的成果都深感欣慰。

可是，这种看似勤奋的学习方式并没有给伯赞先生带来优异的学习成绩，之后经过反复思考，他认为过去自己记笔记的方式不但耗费了大量的时间，而且并没有多大的效率，于是他开始改变方法，在关键词下面画下划线，再将这些关键词誊写到另一张纸上面，接着用线条将这些关键词连接起来。

为了方便记忆，他还用不同颜色的笔来标记关键词，将它们区分开来，逐渐的，这些关键词和线条便形成了一幅地图。这种记笔记的方法与脑科学、心理学、记忆学等原理相结合，便形成了如今举世闻名的思维导图工具。

利用思维导图这种发散性思维的记笔记方式有效调动起大脑的记忆和理解积极性，从很大程度上提高了学习和思考的效率，与传统记笔记方式相比，具有很高的利用价值。

表 7-1 传统记笔记与思维导图记笔记对比

	传统记笔记	思维导图记笔记
形式	线性	多种形式
颜色	单色	彩色
内容	文字为主	图文结合
逻辑	顺序、有限、杂乱	多维、想象丰富、分析清晰

从表 7-1 可以得知，利用思维导图记笔记知识点聚焦、重点突出、内容有序而不枯燥、易理解，而且解放了大脑。除此之外，在现实生活中，老师上课的时候，常常会不由自主随着自己的联想而将主题带偏，如此一来，学

生在记笔记的时候就容易不知所措，不知道应该记什么，也不知道该将某个内容放在什么位置等，如果用思维导图记笔记，那么当老师从一个主题换到另一个主题的时候，学生就可以自然而然地随着老师从一个导图分支跳到另一个分支。

1. 用思维导图记笔记的步骤

图 7-2 用思维导图记笔记的步骤

（1）准备工具。手绘：笔记本或纸、不同颜色的笔。电脑绘：了解和熟知相关软件的各种模板及功能。

（2）明确中心主题。首先要清楚这节课的主题是什么，这一点老师在课堂上通常会反复强调，然后在笔记本或白纸的中心位置画一个可以代表该主题的中心图，比如这节课所讲的内容与时间管理有关，那么就可以简单画一个钟表，只要自己看得懂即可。中心图大小通常是纸张的十分之一到九分之一之间，颜色要多于三种，并且将中心主题写在中心图的下面，例如将前面讲到的时间管理写在钟表的下面即可。中心主题和中心图就是这幅思维导图的目的和意义。

（3）确定总分支数量。如同盖房子一样，打好地基准备盖房子前，要设置好自己打算盖多少个房间。一节课里老师讲了几个模块，就可以确定有几个主分支。

（4）归纳核心知识点。确定总分支数量之后，从中心图右上角三十度的方向引出第一条主分支，然后填写关键词，再根据具体需要引出次分支，并在次分支上填写关键词。其他主分支依次列出即可。这是思维导图的核心步骤，即根据中心主题归纳总结核心知识点。

（5）查漏补缺。做好思维导图之后要进行检查，同时查漏补缺，丰富关键图，并实现进一步复习。思维导图中关键图是必不可少的，起到强调的作用，当看图的时候马上可以把握重点，记忆和连接更准确。

2. 用思维导图记笔记的常见问题

利用思维导图记笔记容易出现的问题主要有以下几点：

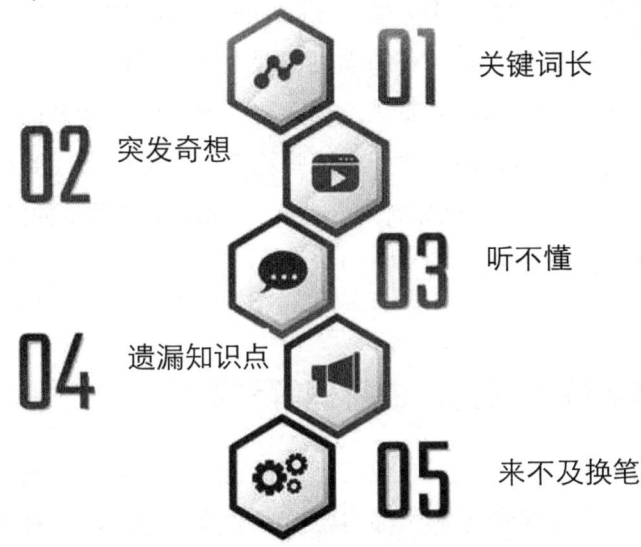

图 7-3 用思维导图记笔记常见的问题

（1）关键词长。思维导图中的关键词切忌过于冗长，很多新手在绘制思维导图的时候难以快速选择关键词，最后记下很多短语或句子，这是正常现象，可以多尝试、多锻炼，提取最核心的词，让自己看到关键词即可想到所学内容。

（2）突发奇想。老师讲课的时候，如果自己突然想到了某个观点，那么要珍惜这种灵感，可以将其列入另一个导图中作为次级观点（引发联想）的分支。

（3）听不懂。如果老师所讲的内容没有听懂，不要停滞不前陷入个人思考当中，可以在思维导图上做个标记，然后继续跟着老师的思路走，等到课后再向老师和同学们请教，完善自己的导图。

（4）遗漏知识点。当因为某些原因遗漏知识点，忘记老师刚刚讲了什么的时候，在遗漏的地方做出标记或者画一个空白的主干，等课后再请教老师和同学们，并补全导图。

（5）来不及换笔。思维导图在绘制的过程中会用到各种颜色的笔，但如果老师讲课速度比较快，内容又比较多，那么可以暂时用同一支笔来绘制，等课后再进行完善，如此还可以为导图添加些意外因素，加深记忆。

除了以上几种状况之外，有的学生在课上绘制导图的时候力求做到美观清晰，因此耽误了时间，其实完全没有必要，要以赶上老师的进度为前提，导图可以在课后进一步完善。此外，一些特定课程可能会用到模板笔记，此时只需将模板中的关键词（例如时间、地点、人物、事情发生的经过和结果等）添加到思维导图的分支中即可。

7.3 运用思维导图对词汇进行理解和记忆

法国著名军事家拿破仑曾经说过："我们用词语来统治人民。"可见词汇的重要性。无论是哪种语言，都需要使用大量的词汇，而对于大部分学生来说，词汇量多少直接影响了其阅读材料的能力。

与此同时，不管是小学、中学还是大学阶段，都会以各种形式的考题来测验学生的词汇量，从而进行入学选拔，从某种程度上讲，学生学习的成败与词汇量有着密不可分的关系。

1. 常用词汇分类

在日常生活和学习中，我们可以将自己接触到的词汇分为三种：

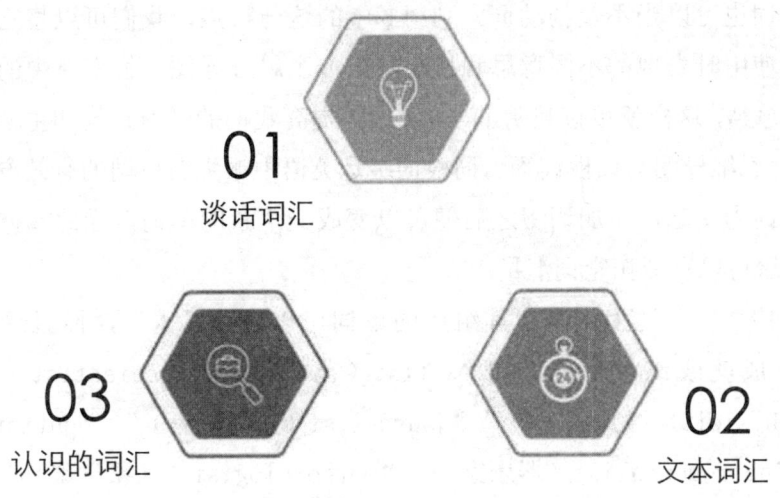

图 7-4 词汇分类

（1）谈话词汇。就是我们日常生活中说话时用到的词汇，大多数情景下，汉语使用这类词汇的数量在一千个字以下，但英语则在三千个单词以上。

（2）文本词汇。就是我们在书写时用到的词汇，这类词汇与谈话词汇相比更多一些，因为在书写时，人们往往有更多的时间去斟酌句子的构造。

（3）认识的词汇。指的是我们在谈话或阅读时了解的词汇，虽然知道这种词汇的意思，但自己在说话和阅读时往往用不到。

2. 思维导图能帮助我们对词汇进行理解和记忆

以英语词汇为例，作为第二外语，对于我们来说，英语词汇量本身就相对匮乏，而且很多英语词汇都是上面所讲的"认识的词汇"，由于不常使用，久而久之便彻底忘记了，因此，利用思维导图进行词汇的理解和记忆就变得非常重要了。

（1）思维导图与生词。在英语学习的过程中我们常常会发现一个单词有多个意思，而且不同的单词有时发音却是相同的，而我们往往只能记住某一个单词最常用的意思，当其出现在不同的语境中时，在我们眼中便成了一个陌生的词汇，此时我们可以借助思维导图画出清晰的脉络来。

以单词"buy"为例，它既可以作名词也可以作动词，作动词时既可以当及物动词也可以当不及物动词。利用 buy 的这一特点，我们可以将它在作不同词性使用时表现的不同意思和搭配画出一个思维导图，将字典中的信息进行归纳总结，这样就更直观明了，可以大大提高我们的学习兴趣和主动性。

（2）思维导图与词根词缀。词根词缀是英语中派生新单词的有效方法。以一个单词为基础，添加词缀之后便可以变成一个新的单词，因此掌握常见的词根词缀可以有效拓宽词汇量。

以词缀"-ist"为例，由其组成的单词可以表示"人"，而且这种人往往有所成就或比较特殊，如"artist（艺术家）""scientist（科学家）""physicist（物理学家）""journalist（新闻记者）""dentist（牙医）""instrumentalist（器乐家）""meteorologist（气象学家）"等。

我们可以用词根词缀的规律绘制思维导图，将具有相同词根或词缀的单词进行梳理分类，用各个分支体现出来，这样一来更容易产生联想，通过不断地扩散拓展词汇量，同时记忆单词也能达到事半功倍的效果。

（3）思维导图与语义场。相关研究表明，英语词汇并不是毫无章法可循的，它们有一定的归属领域及范畴，具有相同特征的单词可归结到同一个语义场。根据英语单词之间的这种关系，我们可以将它们划分为同义词、反义词、上义词和下义词。同义词表示意义相同；反义词表示意义相反；上义词多表示类别，具有较为广泛的含义，可表示两个及以上具体含义的下义词；下义词与上义词同一属性，但还具有其他的意义。

如上义词"animal（动物）"可表示"sheep（山羊）""chicken（鸡）""dog（狗）""horse（马）"；下义词"chicken（鸡）"可表示"rooster（公鸡）""hen（母鸡）""chick（小鸡）"。

通过上述关系便可以绘制思维导图，从而更加清楚地辨析词汇，掌握单词的知识脉络。

想要学好一门语言，词汇量的积累是必不可少的，而想要提高词汇量，就要摸清楚其中的规律，利用思维导图的方式不仅可以将纷繁复杂的词汇清晰可视地总结归纳出来，还能融会贯通、举一反三，达到事半功倍的效果。

7.4 运用思维导图完成个人学习计划

随着时代的发展和社会的进步，学生的学习压力逐渐增大，早上当他们睁开眼睛，首先看到的往往就是贴在床头的各种古诗词以及数学公式，有的学生会在墙上贴自己的奋斗目标或人生格言。不仅如此，当他们急急忙忙来到学校，还没来得及喘一口气时，老师已出现在教室里，生怕浪费一秒钟上课时间。可是，一天紧张的学习下来，学生真正掌握的知识又有多少呢？大部分学生都只是按部就班地听课，心中没有一定的学习规划，当课后面对各种各样的学习任务时便慌了神，变得手足无措。

面对这样的学习压力，学生都必须要冷静下来做出学习规划，设置明确的学习目的，合理安排学习时间，提高学习效率。而想要学习计划能有条不紊地实施，可以充分利用思维导图的图像、联想和沟通等特性，有效开展学习计划，帮助自己提高学习效率。

1. 利用思维导图制定学习计划

利用思维导图制定学习计划主要包含以下几大要素：

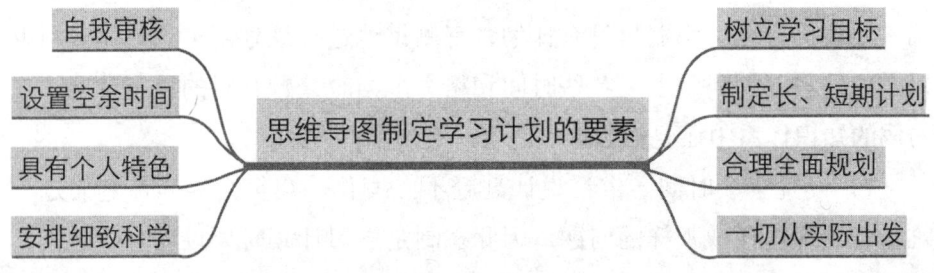

图 7-5 用思维导图制定学习计划的要素

（1）树立学习目标。首先要清楚学习是为了自己，制定学习计划也是为了实现自己的学习目标，所以一定要有正确的学习目标，能够推动自己朝着积极主动的方向学习，努力克服各种困难。

（2）制定长、短期计划。学习计划有长期的也有短期的，长期计划直接与自己的学习目标相接，而短期计划则是一步步为最终目标铺路，为了实现最终目标，要做出一个大致的长期计划，同时还要具体规划，设置短期目标，清楚自己每个星期甚至每天都要做的内容。

（3）合理全面规划。制定学习计划并不意味着要将所有时间都用在学习上，要科学合理地分配时间。一份学习计划可以既包括学习和课外阅读，也包括各种积极的娱乐活动和社会实践活动，以及集体活动等，与此同时还要安排好休息时间，让自己保持活力，做任何事情都能精力充沛，这样生活才会丰富多彩，对提高学习能力有积极的促进作用。

（4）一切从实际出发。在制定学习计划时，切不可盲目，要从实际出发，对自己的学习能力进行正确的评估和判断，合理支配时间，要考虑到自己在各个阶段真正可以用来学习的时间有多少，同时还要考虑自己的常规学习时间该安排多少，以及自由学习时间又该安排多少，让学习计划能够切实可行。

（5）安排细致科学。安排好常规学习时间和自由学习时间后，还要细致到位地考虑各时间段要做什么，比如常规学习时间要按时完成老师当天布置的学习任务，而自由学习时间则可以查漏补缺或进行知识面的拓展，重点是掌握学习的主动权，尽量做到每时每刻都有事情做，任何事情都有合理的时间安排。

（6）具有个人特色。个人学习计划针对的是自己，每个人的学习情况不同，要根据自己的强弱科目有计划、有侧重地进行规划，重点强化弱科，可以在成绩较差的科目上多花些时间和精力，同时兼顾强科的稳定发展，在强与弱的知识体系中还要把握重点内容，实现全面发展。

（7）设置空余时间。俗话说计划赶不上变化，在努力实施计划的过程中难免会出现这样或那样的问题，因此在制定学习计划时要设置空余时间，不要安排得过于紧张，否则无形中提高实现的难度，同时也不利于后期计划的实施。如果计划不变，空余时间可以用来预习，如果计划有变动，则可以相应地做出调整。

（8）自我审核。要定期进行计划的自我审核，确定所有的任务是否都已经完成，若有未完成的，则要分析其中的原因，并有针对性地采取措施，或者调整计划，使计划更切实可行。

2. 绘制学习计划思维导图的核心关键

如上面所说，学习计划有长短之分，可以根据实际情况制定学年计划、学期计划、月计划、周计划，甚至可以具体到每天的计划，这样就可以随时随地掌握自己的学习情况了。

绘制学习计划思维导图的核心关键主要有以下几点：

图 7-6 绘制学习计划思维导图的核心关键

（1）关键词。关键词要放在突出位置，可位于思维导图中心，尽可能用图来展示。

（2）分支一。分支一可以是对自我的认知和分析，例如个人的学习现状和特点等。

（3）分支二。分支二可以为学习目标，如前面所讲，要合理明确，同时还要具体到位置。

（4）分支三。分支三可以是时间安排等内容，也要注意合理科学，最好是文娱结合、手脑并用。

当然，以上思维导图的设置步骤仅供参考，大家可以在此基础上添加各种说明和补充等内容，也可根据自己的实际情况另行设置较为灵活和个性化的学习计划，只要适合自己且行而有效，能真正让自己提高学习效率，减少时间的浪费，达到最终学习目的即可。

7.5 运用思维导图考出好成绩

每次临近考试，很多学生就会争分夺秒地看各种资料，有些甚至拿着厚厚的教科书、模拟题和密密麻麻的笔记一页一页地翻来翻去，这种考前复习方式死板不说，如果时间紧迫，根本难以复习周全，尤其是期末考或者各种大型考试，重点难点层出不穷，自己看过的内容未必就是要考的内容。相比而言，用思维导图复习就会轻松方便许多。

1. 将教材转化为思维导图的注意事项

制作思维导图的步骤我们前面已经讲过，那么将教材转化为思维导图要注意哪些事项呢？

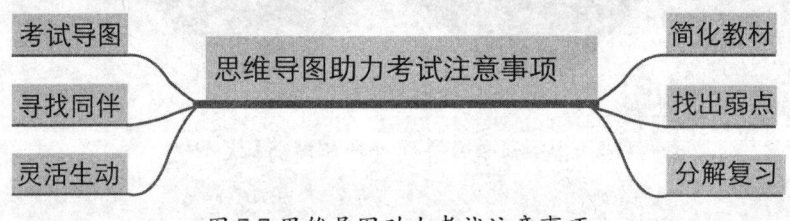

图 7-7 思维导图助力考试注意事项

（1）简化教材，让导图内容更精练。将教材圈出一个整体框架，简化教材内容，只提炼核心内容，可以通过选取关键字来拟定整本书的主要思维。大部分书都是可以用一个字或者短语来表示的，例如《道德经》可以简化为"道"，而《论语》则可以简化为"德"。

（2）找出弱点部分重点复习。所谓的弱点其实就是自己没有熟练掌握的知识点，可以通过思维导图来找出自己的弱点，通过记忆重新手绘导图，越详细越好，画完之后与之前完整的思维导图进行对比，没有画出来的部分就是自己尚未掌握或不懂的地方，可以加强复习。

（3）大导图分解成小导图复习更高效。如果思维导图内容过多，那么可以将其进行分解，将每个主要部分分成单独的小思维导图，例如某个学科就可以按照重要性和章节来分成单独的思维导图。除此之外，还可以根据知识点的多少选择一章甚至一节的内容单独绘制思维导图。在复习时，就要用这种分解过后的思维导图，将它们贴在自己容易看见的地方，便于瞬时记忆和重复记忆，注意，这种导图的分支不宜过多，分支最好为5至9个。

（4）导图灵活生动更具可读性。思维导图没有严格的标准，可以根据自己的喜好画得灵活多变一些，但脉络一定要清晰，平时可以多学习模仿一些简笔画，在思维导图上体现出来，这样不仅生动有趣，还能增加视觉影像，有助于记忆。

（5）与同伴一起复习更高效。可以找一个同伴跟自己一起绘制思维导图，不仅可以增加动力，效率也会有所提高，将两个人的课堂笔记融汇到同一个思维导图上，让导图更加完善。另外在复习的时候还可以互相监督考核。

（6）考试时也可绘制思维导图。考试的时候也可以绘制一个简单的思维导图，将试题的难易程度、分支和需要的答题时间进行汇总划分，然后根据自己的需要，可以先答那些费时少、分数多、掌握程度较好的试题。

2. 不同题型的思维导图绘制技巧

除了以上几点之外，具体在考试答题的时候也可根据不同题型绘制答题技巧思维导图。

（1）客观题答题技巧。

A. 大局为重，关注细节。在答客观题之前，要先整体浏览一下整个试卷，大概知晓题量及难易程度，以此来确定自己的答题速度和关注重点。此外每个选择题都要认真斟酌，切勿被假象迷惑。留心"所有""最低""一些""常常"和"偶尔"等词汇，这些地方往往会设置陷阱，有关概念性的题也要认真看清楚每一个字，不要因为一时疏忽而答错。

B. 掌控时间，果断答题。若题目较多，时间不够充裕，那么千万不要拖延，对于难以把控的题目，凭第一感觉来选择，尽量读完一个题就能有一个明确的答案，合理分配好时间。

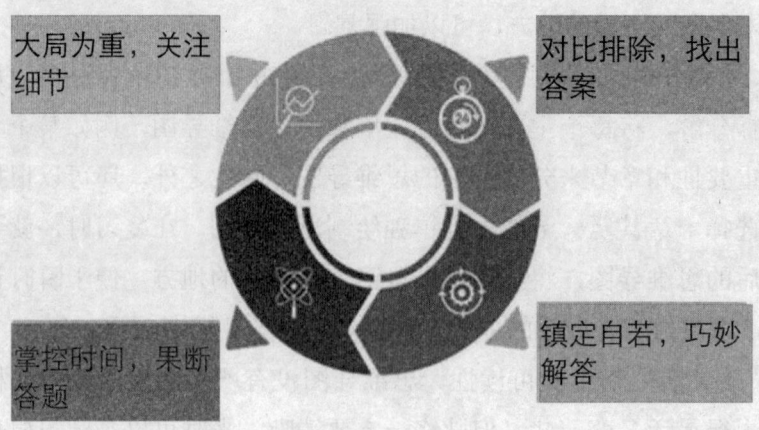

大局为重，关注细节

对比排除，找出答案

掌控时间，果断答题

镇定自若，巧妙解答

图 7-8 客观题答题技巧

C. 对比排除，找出答案。做题时要将复杂问题简单化，有时通过简单对比即可排除错误答案，切不可因为深究某一问题而浪费时间，尝试对比客观答案，分析它们之间的关系，合理做出判断。

D. 镇定自若，巧妙解答。当遇到某些较为陌生的术语或单词时，切勿一下子慌了手脚，可以从全局入手，往往那些陌生的东西都是无关紧要的。以单词为例，即便有不认识的词汇也不会影响自己对整篇文章的理解，如果这个单词非译不可，那么可以通过联系上下文来进行推测。对于计算类题目，如果时间不够充足，也要巧妙采用简便算法求解，这一点在平日里要多加练习。

（2）主观题答题技巧。主观题又被称为"发挥性题目"，可以考查学生对知识点了解的深度和宽度，同时在阅卷时也需要老师进行思考和斟酌，答案并没有严格的规定，因此考生在答题时要注意以下几点：

A. 把握主题。很多主观题的题目文字叙述非常长，有时需要回答的知识容量也非常大。主观题分数通常要比客观题高一些，因此答题时一定要认真，定下心来仔细阅读题干，把握主题，在准确理解题目的基础上，有效限定和规划答案，然后字斟句酌给出答案，不要因为烦躁而概括性地答题，结果答案朦朦胧胧，让阅卷老师怀疑你有搪塞的嫌疑。

B. 提纲挈领。在回答主观题之前可以先列一个答题提纲，这样不仅条理清晰，方便自己组织材料和语言，同时还能防止漏答某个重要的知识点。与此同时，阅卷老师在阅读答案的时候也会省心不少，提高印象分。在列提纲的时候要写出自己要回答的知识点数量，并标清楚回答的顺序，这样真正下笔答题的时候会节省很多时间。

C. 简明扼要。前面讲到主观题不能概括性搪塞回答，但也不可赘述，这样会让阅卷老师感觉啰唆烦躁，找不到重心。因此写答案时一定要简明扼要，既不要用引言也不要不断重复问题，只要思路清晰地把答案言简意赅地表达出来即可。此外，主观题在答题时间安排上要因分数而定，不要在没有意义和价值的内容上做过多的陈述，一旦列出提纲就要问问自己某个答题点是否重要，这样也可以避免写一大堆废话。

D. 材料组织。想要提高主观题的答题能力，就要学会组织材料，掌握议论答题的技巧，结合思维能力和语言表达能力来答题。这一点在平时的考试中就要刻意锻炼自己。语言和思维是相辅相成的，思维够缜密，语言表达能力够高，那么拿高分也就是自然而然的事情了。

（3）答题技巧总述。除了上面所讲的之外，在考试时，无论遇到什么题型，都要做到以下几点：

A. 淡定从容。考试前 10 分钟到 30 分钟考生就陆续进入考场了，此时要充分利用好等待的时间，快速让自己平静下来。等试卷发下来之后不要匆忙答题，首先查看试卷有没有缺页和漏页、破损或者字迹模糊的现象，如果有也不要着急，请监考老师更换即可。

B. 不留空白。前面讲过，试卷发下来之后要合理地分配时间，不要捡了芝麻丢了西瓜，与此同时，也尽量不要空着某个题不回答，尤其是客观题，遇到实在不会的题目时，先根据第一感觉给出一个答案，然后做出标记，等答完题之后如果有时间可以返回来再回答。而对于主观题来说，遇到不会的题目要遵循会多少写多少，想到多少写多少的原则，即便是一个公式也要写上去，能得分的地方绝不能放弃。

C. 先易后难。做题时要遵循先易后难的原则，先把会的题做完了，这样不仅可以保证一定的分数，还能提高自己的自信心，让自己稳定下来攻克难题。除此之外，如果一道难题花费了自己较长的时间都没有攻克，那么就没有必要在此题上费时间了，倒不如花些时间检查会的题目，确保会的题目都能拿到分数。

D. 保证速度。考试答题并不是会就能做好、做对的，一定要有清晰的解题思路，将每一步的推导和运算都清清楚楚写出来，这样做不仅可以保证速度，而且有章可循，后面计算如果发现出了问题，反过头来检查哪里出错的时候也更容易一些。要做到这一点，平时就要养成严谨的作风，多锻炼逻辑思考能力，提高解题的速度。

利用思维导图不仅可以做好备考，同时在考试当中也能潜移默化提高答题效率，成功助力考生考出好成绩。

第八章

规划清晰，得心应手——思维导图助力职场

在实际的生活中，许多人总是会遭遇这样的状况：常常加班到深夜，却依然无法取得优异的工作成绩；遭遇了工作"瓶颈"后，总是束手无策；在激烈的职场竞争中，始终无法脱颖而出……造成这一切的原因，便是缺乏清晰的工作思维。

作为一项能够帮助人们快速理清思路的思维工具，思维导图可以有效地帮助职场人士提高工作效率、解决以上问题，让职场人士真正摆脱职场"菜鸟"的命运，成为笑到最后的"职场达人"。

本章内容如下：
➤思维导图简历更容易敲开职场大门
➤运用思维导图制订工作计划
➤思维导图助力职业规划
➤养成用思维导图记录分析的习惯
➤运用思维导图梳理会议议程
➤运用思维导图工作安排井井有条

8.1 思维导图简历更容易敲开职场大门

先思考一个问题——假如你要制作一份求职简历，你采用什么方式呢？是根据网上现成的简历模板简单修改一下？还是做一张一目了然的思维导图？

大多数人会选择网上现成的模板进行制作，这种办法虽然非常节省时间，但是文字太多，面试官无法一眼看到重点。而且，由于文字简历太稀松平常了，竞争力也越来越弱。

既然如此，有什么好办法可以解决这一问题呢？答案就是把文字简历变成思维导图，效果就大不相同了。所有重要的个人信息都能一目了然地出现在思维导图上。

相信不少求职者在制作简历的时候，都会先列出需要的信息，这样做可以简化制作简历的流程，同时也能尽快呈现招聘公司需要的信息，让求职更有针对性。我们不妨来看看下面这个案例：

晓蓉在制作她的简历时，列出了以下几点内容：

基本信息：姓名、学历、应聘职位、联系方式等；

相关经验：在哪里工作过？具体职位等等；

个人能力：接受过哪些培训？之前的业务水平如何？等等；

其他内容：自己的兴趣爱好、优缺点等等。

晓蓉在制作简历时直接把这些信息依次填入对应的简历表格上，这种方法也不是不可，但是如果把所有的信息都放到简历里，只会让简历看上去密密麻麻。既没有突出晓蓉的个人能力，又显得她很啰唆。那么，怎么做才能让简历有针对性呢？对此，不如把相关信息进行提炼，制作一张简洁明了的思维导图。

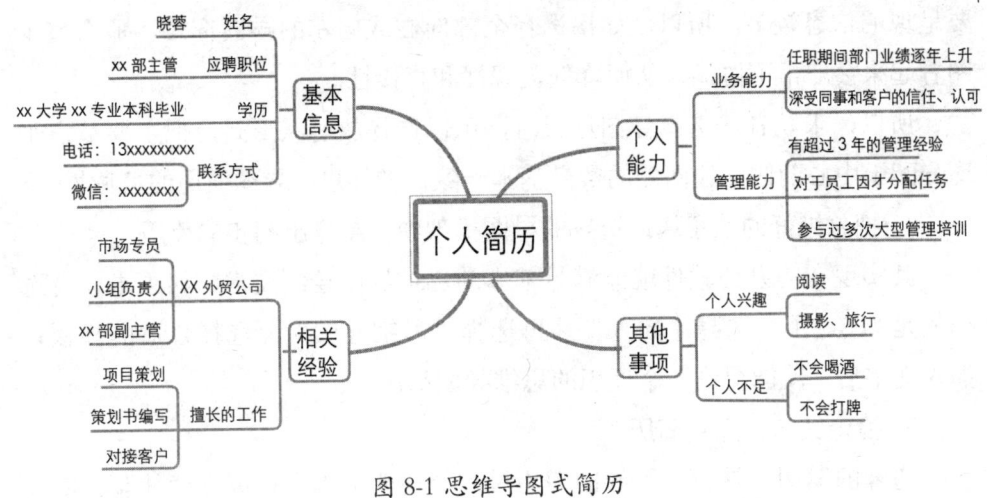

图 8-1 思维导图式简历

在这个案例中，主要用到了摘取法和呈现法制作思维导图简历。所谓摘取法，是指思维导图中的关键词是从晓蓉总结信息中总结摘取出来的关键词。

其次就是呈现法，所谓呈现法就是有选择性地表现内容，因为需要在简历中呈现的信息太多，如果全部写进简历里，会让面试官产生视觉疲劳，甚至是直接"放弃"这位求职者。晓蓉应聘的职位是部门主管，所以她只需要把和这个岗位有关的信息加入到简历里就可以了。

上述案例中的思维导图可以分为以下几个步骤来制作：

1. 确定主题，列出有关信息

用思维导图做简历的目的是让求职者更直接地表现自己，因此在制作思维导图简历之前，要对自己有一个全面的总结，列出和自己有关的详细信息，在制作时根据目标职位进行有选择性的提炼即可。

2. 归类信息，提炼关键词

由于求职者列出的信息比较多，但并不是所有的信息都能利用，很多信息是和所求职位没有任何关系的。因此，求职者接下来就是要对这些内容进行筛选，把最有用的信息体现在简历里，从而更好地展现求职者的优势。

3. 根据总结的信息选择合适的思维导图模式

据图 8-1 可知，虽然制作的思维导图简历只有 4 个一级分支，数量不多，但是在"基本信息""相关经验""个人能力"和"其他事项"的三级分支中，要呈现的信息较多。所以，如果选择全部向右或向左的导图形式，那么整个图看起来会非常不协调，从而降低美观性和直接性。

所以，求职者在选择导图形式时，可以选择放射状形式，把主要节点平均分配于中心两侧，让两侧的数量基本一致，增加思维导图简历的可读性。

4. 把总结好的信息填入选好的导图框架中，制作出初步的简历

其实现在的办公软件就能满足基本的思维导图绘制要求，如果求职者选择的是 WPS，那么选择"插入"，再选择"思维导图"，选择合适的模板，插入文字后，就能得到一个理想的思维导图简历了。

5. 检查细节，完善简历

晓蓉的案例只是对思维导图简历做一个说明。为了提高阅读体验，制作者还可以加入序号图标，或者在重点信息上做出特殊标记。除此之外，简历中不能没有求职者的照片，求职者可以在中心节点放上照片。

6. 收尾工作

仔细检查制作完成的思维导图简历，尤其是重点信息部分，不要出现信息遗漏和错误的情况。

放射型的思维导图模式适合用来诠释一个下分内容较多并且只用表达部分内容的主题。比如，某次大型会议的嘉宾成就很多，但是考虑到时间问题，就会挑选其中比较有代表性的内容来呈现，从而使表现更有针对性。

在用选择呈现法制作思维导图时，有一点需要注意，虽然经过精挑细选的信息可以让大家了解得更直观，但是绘制者也不能一味地追求直观和简洁而省略掉一些真正重要的内容。

比如，在晓蓉的思维导图简历里，除了每一项信息都只延伸到三级分支，不多不少，该展示的内容都已展示完毕，内容适当，一目了然。

如果在三级分支下又新增四级分支可以吗？当然可以，虽然可能会影响整个画面的美观，但是如果内容很重要，有必要展示的话，那就一定要增加。然而，如果内容很多余，还添加一个四级分支的话，那是画蛇添足。

8.2 运用思维导图制订工作计划

我们常常会遇到这样的情况，明明时间利用得很充分，但就是没办法按时完成工作任务。为什么会这样呢？不是因为时间不够，而是因为没有合理地规划好时间。普通白领都会遇到类似情况，因为他们面对的事情是最繁琐的。因此，如果不能合理规划好时间，那么在规定的时间内完成工作任务，就永远是天方夜谭。

有什么办法可以解决这种情况吗？答案是肯定的。白领们在开始工作之前，可以根据当天的工作内容规划好时间，在规定时间内一定要完成工作。

王文上午的上班时间 :9:00 ～ 12:00，这一天，他上午有 4 件事情要完成，按照平时的工作效率，他这样分配了自己的时间：

事项一：写一周小结，预计时间 0.5 小时

事项二：整理会议资料，预计时间 0.5 小时

事项三：检查修改策划案，预计时间 1 小时

事项四：召开小组会议，讨论策划案细节，预计时间 1 小时

根据王文的时间安排来看，除非他可以按时上班，并且中途没有任何意外事件打扰他，否则，他根本不可能完成任务。因为他上午上班的时间和预计工作的时长是一样的，但是他不可能一秒都不停歇地工作。除此之外，王文没有考虑到，随着不间断工作的时间加长，人的工作效率是会降低的，实际完成工作的时间必然会长于计划时间，另外去卫生间、泡咖啡、复印文件等等零碎小事的时间还没有算进去。

因此，根据王文自己规划的时间，从 9:00 就开始工作，另外，一般情况下是无法按时完成工作的。当然，如果他愿意提前上班，这就另当别论了。

和增加工作时间相比，大多数人还是想通过提高工作效率，压缩工作时间的方法完成工作任务。那么，怎样才能做到这一点呢？我们可以像切番茄一样，把时间切成一块块，来完成各项工作。接下来，我们具体来看看该如何操作吧。

分段工作法是一种劳逸结合的工作方法，这种方法是把时间分为一个个较短的工作周期，在每个小的工作周期中，又分为工作时间和休息时间。其中，

工作时间固定为 25 分钟，休息时间为固定的 5 分钟。如果工作时间较长，也可根据实际的工作状况，适当延长休息时间，让自己的精神恢复得更好。

现在有很多提高工作效率的 App 具备这一功能，在这类软件中，不仅已经自动把时间分为两部分，还设置了闹钟，时间一到自动响铃。所以，当使用这些软件配合工作时，人们可以心无旁骛地工作，不用一边工作，一边看时间。

这样做有什么好处呢？首先，人们在心理上会产生一种工作效率变低，要奋起直追的心态，实际上，工作效率提高了很多，甚至还超水平发挥；其次，就算工作效率有些不尽如人意，人们会由于愧疚心理而出现激励作用，不断推动人们提高效率，赶上工作进度。

那么，这类思维导图又应该怎么绘制呢？具体步骤如下：

1. 确定可以完成工作的时间，并且将这些时间划分成多个时间段

比如在王文的案例中，他可以完成工作的时间是 3 小时，就可以将其划分为 6 个时间段。

2. 根据时间段算出实际工作时间，并且对要完成的工作进行时间安排

大家可以先建立起一个简单的时间框架，比如在王文的案例中，除去休息时间，他实际上花在工作上的时间为 2 小时 30 分钟，大约占据总工作时长的 80%。

针对这一点，王文可以把完成各项工作的时间缩减为预计时间的 80%，并根据这个时间建立起一个新的工作框架。他可以把工作信息提炼如下：

表 8-1 王文工作时间安排

工作内容	工作时间	分段时间
事项一：写一周小结	第一个工作时间（0.5 小时）	工作 25 分钟、休息 5 分钟
事项二：整理会议资料	第二个工作时间（0.5 小时）	工作 25 分钟、休息 5 分钟

事项三：检查修改策划案	第三个工作时间（0.5 小时）	工作 25 分钟、休息 5 分钟
	第四个工作时间（0.5 小时）	工作 25 分钟、休息 5 分钟
事项四：召开小组会议，讨论策划案细节	第五个工作时间（0.5 小时）	工作 25 分钟、休息 5 分钟
	第六个工作时间（0.5 小时）	工作 25 分钟、午休

3. 根据上表提炼的信息，选择思维导图的形式

根据第二步中表格提炼的重点信息，我们可以知道，要绘制一级分支 4 个，也就是"工作内容"，二级分支 6 个，也就是"工作时间"，三级分支 12 个，也就是"分段时间"。

可是，每个分支中的二级分支和三级分支数量都有差异，其中，最多的是事项三和事项四，分支最少的是事项一和事项二。

由于各个下级分支的数量差异，我们在选择思维导图形式时，如果用放射型模式，那么左右两边的高度就不一样，影响画面美观。除此之外，由于层级比较多，但是三级分支却太少，因此，如果选用放射状思维导图，画面会较为偏长。

总结上述原因，本案例中最适合运用向右的思维导图模式。因此，制作者可以根据上述因素在思维导图软件或者纸上绘制思维导图框架。

4. 根据总结的信息，完成思维导图工作计划，并仔细检查

接下来就是根据已知信息完成思维导图。最后还要仔细检查思维导图，避免出现错误，从而影响接下来工作的开展。

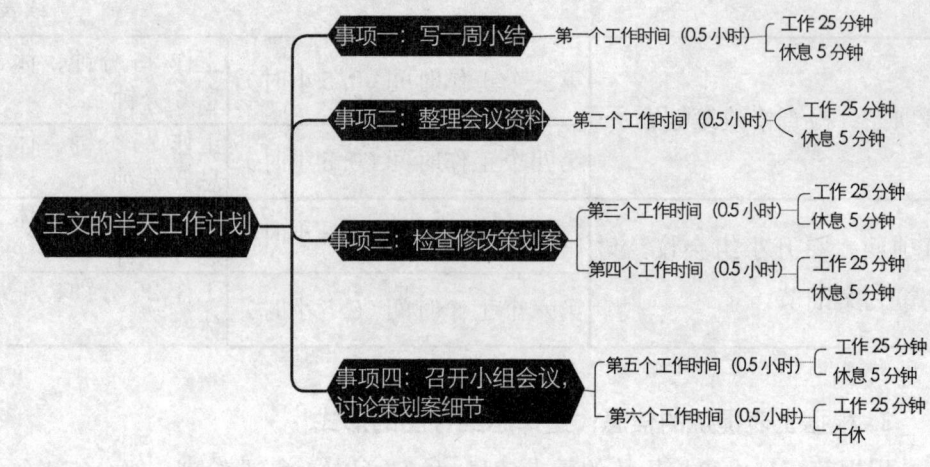

图 8-2 王文的半天工作计划

这个案例中的思维导图制作方法适合用来制作计划，适合解决按照正常的工作效率无法如期完成工作的情况。当人们按照正常的工作效率无法做完工作时，除了延长工作时间外，还可以运用分段工作法，规定好工作时间，提高工作效率，让时间更"耐用"。

在使用分段工作法制定工作计划时，还要注意以下事项：

首先，制定的计划应该符合实际情况。如何来判断呢？第一，完成工作的总时不能超过计划中可以完成工作的时间；第二，工作计划不能天马行空。比如在上述的案例中，通常完成事项一的时间为 0.5 小时，但是单纯为了提高效率，压缩工作时间，把完成这项工作的时间缩短为 15 分钟，就明显脱离实际了。

其次，使用分段工作法时，可以搭配某些手机软件。这些手机软件可以设置工作时间和休息时间的长短，使用起来更加方便，避免因为人为的双向操作而分心。另外，这些软件中还会自带闹钟，设定的时间一到，闹钟就会自动提醒你该工作了，或者该休息了。虽然这些功能直接在手机上也可以设置，但是借助软件，操作起来更加方便。

8.3 思维导图助力职业规划

假如你已经有了一个宏伟的人生目标，你为了实现这个人生目标而努力奋斗，这份事业对于你来说意义非凡，这样的事业很难寻找吗？其实并不难寻找，不管你身在何方，从事什么行业的工作，现状是好是坏，只要你定好目标，就一定能找到适合自己的路。

在事业奋斗的过程中，总会遇到高低起伏，有时候我们不得不暂时搁置手头的事情去解决燃眉之急，有时候，甚至都忘了自己还有目标要实现。

我们为什么要借助思维导图做职业规划呢？主要原因之一就是要借助思维导图逻辑清晰、一目了然的特点，帮助自己更加明确人生目标。这个思维导图可以提醒你，你的内心是有一团火焰的，这样就更有奋斗的力量了。

陈琳和朋友一起在讨论自己的职业规划。陈琳是一位很有主见的年轻创业者，她有很多独特的想法，有些想法一旦付诸实施，可能会对整个行业造成深远的影响。陈琳现在需要做的就是通过头脑风暴，把自己的想法用思维导图的方式画出来，系统完成自己的职业规划。

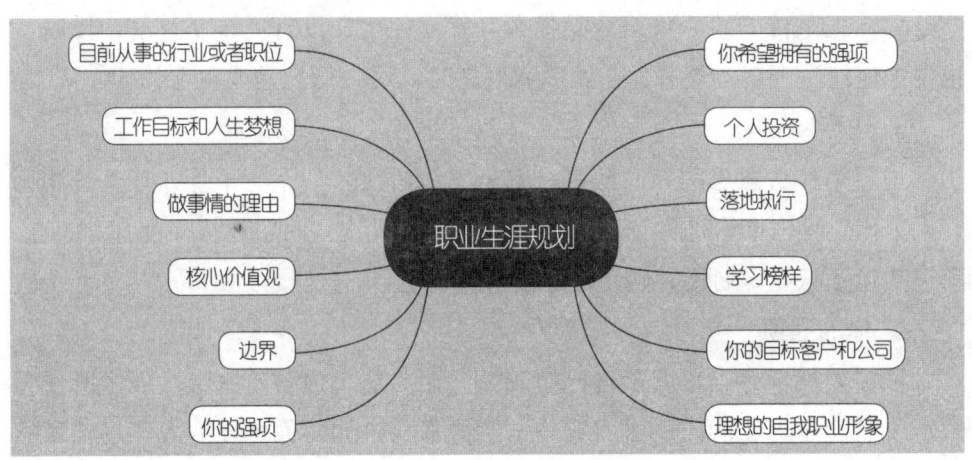

图 8-3 职业生涯规划思维导图

这张思维导图里面的内容就是做职业规划时，应该思考的内容。这些只是一级分支，接下来你需要做的就是根据每一个一级分支，细化内容，让目标更明确。

1. 目前从事的行业或者职位

简而言之就是要对你的现状有一个清晰的认识，不管你是正在主持一个大项目，还是在求职，抑或是正在艰苦地创业中，甚至是自由职业者，你都要对自己现阶段的状况做一个界定。

2. 工作目标和人生梦想

如果你明确了自己的人生目标，这将对接下来的流程非常有利。不妨先列出你的短期目标和长期目标，在这段时间内你要达到什么样的目标？取得什么样的成绩？如果能细化就最好了。

3. 做事情的理由

你要知道自己为什么要做这件事情，找到自己出发的原动力，这一点很重要。如果你现在做的事情让你内心非常煎熬，但是你依旧在做，不如写下你一直坚持的理由。如果你现在做的事情恰好是你想做的，不如写下你喜欢的理由。明确这些原因会让你接下来的工作变得更加顺畅。

4. 核心价值观

你一直坚持的核心价值观是什么？就算你现在没有完全坚持这个原则，也要把他们写下来，因为你在做职业规划时，这些信息是非常有效的。

5. 边界

边界是什么意思呢？简而言之就是底线，比如你不想干什么？不想和哪些人工作？哪些事情是你完全不能接受的？如果这些问题你从来没有考虑过，那不妨趁做职业规划的时候，好好思考一下吧。

6. 你的强项

很多人都觉得强项就是自己擅长的方面，这个理解没有错，但是所谓强项不仅需要技巧超群，还需要有一定的才华。比如，你可以完成一场精彩的路演，或者，你既能维持和对手的良性竞争关系，还能谈成合作。

7. 你希望拥有的强项

在做职业规划的时候，除了要知道自己擅长什么，还要知道要达到这个目标，还需要具备哪些能力。

8. 个人投资

在实现目标的过程中，你愿意在自己身上投资吗？你想参加一些高端论坛、交流会或者短期学习课程吗？如果你愿意投资自己，这不仅对你非常有好处，对你将来的客户也很有好处。

9. 落地执行

职业规划计划好了以后，要如何落地执行才能实现人生目标呢？你的规划就是你的路线图。比如你想创业，开发网站，就要多进行路演，让更多人认识你；如果你想转行，就要了解关于那个领域的更多知识。找出你和规划之间最小的那个差距，并且缩小这个差距，慢慢实现人生目标。

10. 学习榜样

有哪些行业大咖让你很钦佩？比如，你很欣赏马云为人处世的智慧，就要朝着他的方向多努力，多看看他的演讲和书，吸取其中的精华不断充实自己。

11. 你的目标客户和公司

在具体实践的过程中，了解你的目标客户和公司非常重要。想要了解，就要先知道你的目标客户都是谁，来自哪里。

12. 理想的自我职业形象

可以用几句简单的话语描述一下自己理想中的职业形象。你未来想成为什么样子？是成功的创业者，还是高人气的作家？是擅长做运营，还是在管理上打下一片自己的天地？

这些就是你职业规划的基本要素，把以上这些要素弄清楚，相信你的职业规划就很清晰了。

8.4 养成用思维导图记录分析的习惯

在工作中我们常常会用到 SWOT 分析法，什么是 SWOT 分析法呢？就是从 Strength（优势）、Weakness（劣势）、Opportunity（机会）、Threat（威胁）四个方面来分析目前形势。有时，当你遇到工作的瓶颈，无法获得突破的时候；或者当公司停滞不前，发展缓慢，又找找不到原因时，就可以通过 SWOT 分析法,借助思维导图来找到问题的症结所在。我们来通过下面这个案例了解一下,具体应该怎么操作。

例1:张鹏开了一家培训公司,如何才能提高自己的竞争力,获得更多的市场份额呢?

S 优势

首先,张鹏的培训公司课程体系非常完善,和其他的同类型公司相比,有自己的教材,而且每一本教材都是正规出版社出版,并不是一些零散的内部资料,所以,这些都是张鹏公司的优势。再细细分析,在教材方面,所有的教材都是公司组织专家团队编写,这一点可以作为二级分支展示出来。除此之外,由于张鹏提前半年就从各个学校聘请名师,组成专业的师资队伍,受到家长和学员们的一致好评,良好的口碑又是一张隐形名片。

W 劣势

虽然有很多优秀老师加入,但是随着学生的增多,师资力量还是有所欠缺,另外,在宣传推广、教学硬件上,张鹏还需要多多改进。

O 机会

张鹏正在和多家纵向培训机构谈合作中,这一举动吸引了更多优秀老师的加盟,也有很多大型培训机构向张鹏抛出橄榄枝,这些都是张鹏的机会。如果他能把握好机会,就能更上一层楼,如果把握不好机会,也许目前的优势也没有了。

T 威胁

让一家培训公司得以生存的唯一命脉就是生源,所以招生问题就是最大的问题,招生效果好公司的发展就好,反之公司随时都会面临倒闭的危险。同时,在公司内部,股东矛盾、分工不合理也是潜在的威胁。

利用SWOT分析法定期进行自省和讨论,可以快速有效地找出潜在的问题,从而进一步制定解决方案。

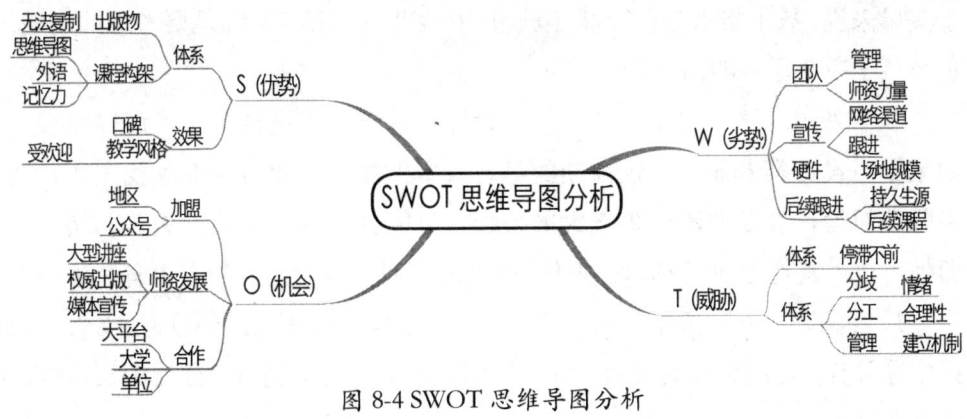

图 8-4 SWOT 思维导图分析

SWOT 分析法，除了可以用在职场上，还能用在生活的方方面面。比如高考填志愿。高考是每个人都会经历的事情，特别是填志愿，关系到未来的方方面面，很多人都为此伤透脑筋。这时不妨借助思维导图来进行分析。

不管是在生活中还是在工作中，面临各种选择是非常正常的事情，不同的选择最后收获的结果也不一样，甚至会影响自己以后的人生。我们无法单凭一己之力就判断一个选择的对与错，但是我们可以借助科学的方法分析信息，从而提高选择的正确性。

例 2：陈瑞今年高考完毕后被填志愿给难住了，这时，陈瑞的父母借助思维导图帮他解决了这一难题。具体是怎么做的呢？

第一步：确定中心主干

这就要根据陈瑞的实际情况来确定了。陈瑞备选的专业有三个：设计、计算机、外语，另外，家里人也支持他出国上大学。所以按照这四个方向开始绘制思维导图。

第二步：顺着四个主干继续分析下去

比如以主干之一"外语"为例，陈瑞对法语和俄语都很感兴趣，因此，分支后可以列出今后的发展方向和劣势，当"外语"这一主干绘制完毕后，他发现，法语和俄语都属于语言类学习，今后的发展方向都很类似，区别就在于在不同的城市，发展空间不一样。

简单来说，如果陈瑞能把两门外语都熟练掌握，法语的选择面更多一些，未来虽然有不确定性，但是机会也更多。可是俄语就有些局限性了，并且对于父母来说，孩子将来想留在哪座城市，在哪里安家落户，都是要考虑的问题，也是孩子应该思考的问题。

和"外语"这一主干一样，把"设计"这一主干展开分析，可以发现，如果学习设计类专业，不仅前期的学习成本很高，毕业后也很难找工作，如果陈瑞对设计类专业没有那么大的兴趣，可能会面临一毕业就失业的情况。即使可以做其他专业不对口的工作，他也没有那些专业出身的人更有竞争力。

最后，把"出国留学"这一主干分开可知，这条路必须坚持走下去，如果中途放弃，可能会面对没有学历、回国又水土不服的情况。最后的决定权，还是在陈瑞手上。

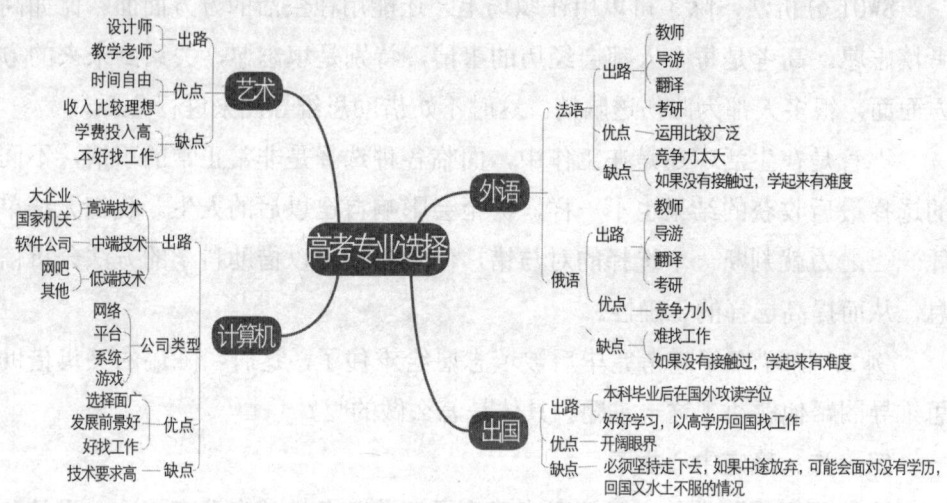

图 8-5 高考专业选择思维导图

父母结合了家庭情况和陈瑞的意见，参考思维导图给出的分析，最后选择了法语专业。这里我们且不论选择的正确与否，对于陈瑞来说，他由最初的迷茫转变为确定，这正是思维导图的作用。

8.5 运用思维导图梳理会议议程

对于一些大企业来说，安排一个会议不亚于举办一场中小型活动，因为准备会议会牵扯到很多事情，而这些事情是不能出任何差错的。所以，对于安排会议的人来说，这是一项莫大的挑战。虽然这件事情很有挑战性，但是只要方法正确，问题都是可以解决的。在这个问题上，我们就可以借助思维导图的方法，来梳理会议流程，让棘手的事情迎刃而解。

一天下午，周然接到了经理安排给她的一项任务，经理对她说："周然你来公司也有段时间了，各项事务都比较熟悉了，给你安排一项工作。明天下午两点半，我们分部要开一个会，有20多人参加，两个小时左右。这次会议主要是介绍新产品，总结上半年工作，制定下半年工作计划，除了我，我们分部的张总监也会出席。这个会议比较重要，你今天下班之前务必要把会议议程交给我。"

虽然周然到这个公司有段时间了，但是没有任何组织这种大型会议的经验。而且，经理告诉她的信息也有限，根据这些内容是肯定无法做出一份完善的会议日程的。周然开始一筹莫展。

假如，周然能够熟练使用思维导图的话，这个事情就好办多了。因为在目前的思维导图软件中都提供了大量的参考模板，选择恰当的模板，插入内容就可以了。

现在，我们来看看如何用模板套用法来绘制思维导图。什么是模板套用法呢？顾名思义就是在现有模板的基础上，填入具体的文字信息，得出一张思维导图。

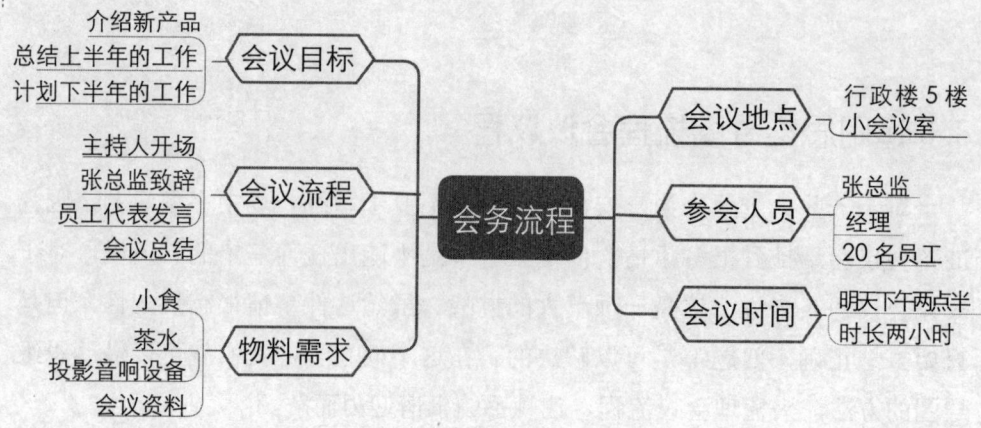

图 8-6 会务流程思维导图

上述会务流程思维导图可以通过以下几步制作完成：

1. 确定主要内容，选择合适的思维导图模板

周然的工作只是安排一个会议，所以，思维导图的主题就确定了。因此，周然在寻找参考模板时，只需要考虑这个模板适不适合就可以了。

2. 根据实际情况，把需要填充的内容罗列出来

根据图 8-6 可以看出，这个思维导图的模板把会务流程分成了 6 个板块，并且每个板块都插有一张图，如果周然想利用这些插图，可以把需要展示的信息分为 6 个部分，并且，每个部分的内容和模板中一级分支的内容统一。

比如，周然可以根据经理已经给她的信息，把主要内容分为以下 6 个部分——会议目标、会议流程、物料需求、会议地点、参会人员、会议时间。接着，把有关信息总结出来：

会议目标：介绍新产品、总结上半年的工作、计划下半年的工作；

会议流程：主持人开场、张总监致辞、员工代表发言、会议总结；

物料需求：小食、茶水、投影音响设备、会议资料；

会议地点：行政楼 5 楼小会议室；

参会人员：张总监、经理、20 名员工；

会议时间：明天下午两点半，时长两小时

3. 把整合的信息填入思维导图模板中，初步成型

接下来周然需要做的就是把上述总结的信息填入思维导图模板，并把多余的分支删掉，就形成初步的会议流程思维导图了。

4. 对细节进行调整，增加思维导图的美观度

虽然第三步完成后，思维导图的基本制作也就完成了，但是从整体上来看，还是有些细节需要完善。而且周然的这份会议议程是要交给领导过目的，所以在一些细节上，一定要做一些调整，增加美观度。

5. 最后检查一遍

仔细检查已经制作完成的思维导图，避免出现错误和遗漏。

本节中介绍的思维导图绘制方法，适合用于对要呈现的内容还没有较为精准的把握且对画面质量要求比较高的情况。

在职场，普通上班族作为员工，经常会遇到像周然这样的情况。这个时候，员工们除了要完整地展示信息之外，还要保证美观和整洁。

要解决这样的情况，员工不仅要选择科学合理的思维导图模板，还要把内容尽可能完整地呈现，让思维导图看起来更加完整美观。

与此同时，在直接套用模板绘图时，还要注意以下几点：

首先，使用模板套用法套用的只是一个框架，而不是内容。所以，在制作思维导图时，可以参考模板的样式，但是不能连带内容一起借鉴过来。

其次，套用模板的过程也是一个学习借鉴的过程。在周然的案例中，她需要把信息分为 6 个部分，这个过程就参考了模板中的内容，实际上也是学习的过程。

除此之外，绘制者在参考了思维导图模板中的信息之后，可以把提炼的信息放在其他的样式中，不一定非要拘泥于一个模板。

8.6 运用思维导图工作安排井井有条

对于很多做助理工作的人来说，对上司的工作进行合理安排是要特别重视的，因为通常来说，上司的工作是非常烦琐的，而且这些事情不能拖延。那么，做助理工作应该如何安排好上司的工作呢？助理在安排上司的事情时，可以根据事情的轻重缓急来进行，并借助思维导图来呈现。

利用思维导图，不仅可以初步确定做各项事情的时间，还能对各项事情

进行大致的排序，所以，当上司看到思维导图后，对什么时间要做什么事，就一目了然了。

有一天，刚上班不久，莉莉就被上司叫到了办公室，并对她说：

"莉莉，我今天要做的事情非常多，我怕有遗漏，你帮我记一下，到时候记得提醒我。上午我要和上海来的合作伙伴见面，但是在这之前，必须把合作方案搞定。对了，昨天我让阿威和陈锋修改的方案，他们还没提交给我，你等下帮我催一下。

"中午我约了××公司的陈总监吃饭，和他讨论这次新产品推广的细节，并确定线下活动要邀请哪些嘉宾。所以，你待会儿帮我找一家环境好一点的餐厅订个位置。

今天下午策划部的孙总监要我参加他们的会议，对了，差点忘了，等一下十点钟我还要参加董事会，估计要一个小时。工作上的事情大概就是这些，我再来说说私事儿。

今天是我女儿的生日，我准备今天晚上好好给她庆祝一下。另外，我想自己给她买生日礼物，上午的事情比较多，估计是脱不开身了，你帮我把这个时间安排在下午吧，到时间记得提醒我一下。嗯，今天要做的事情大概就是这些，你帮我安排一下，别忘了到时间提醒我。"

如果莉莉熟练掌握关键摘取法，那么，想抓住上司说话的重点非常简单。然而问题是，如何才能把上司要做的事情进行合理的安排呢？很简单，莉莉可以根据这些事情的轻重缓急，制作一张思维导图，如图8-7所示。

上述案例中的思维导图，主要使用了"紧要先行法"。什么是"紧要先行法"呢？就是当你面对很多事情亟待安排时，根据每一件事情的重要性来排序即可，把重要的事情排在前面，没那么重要的事情排在后面。

比如，在这个案例中，莉莉就把各项事情的完成时间作为依据判断事情的紧迫性，然后根据紧迫性对各项事情进行排序，先急后缓，先公后私，绘制出了思维导图。

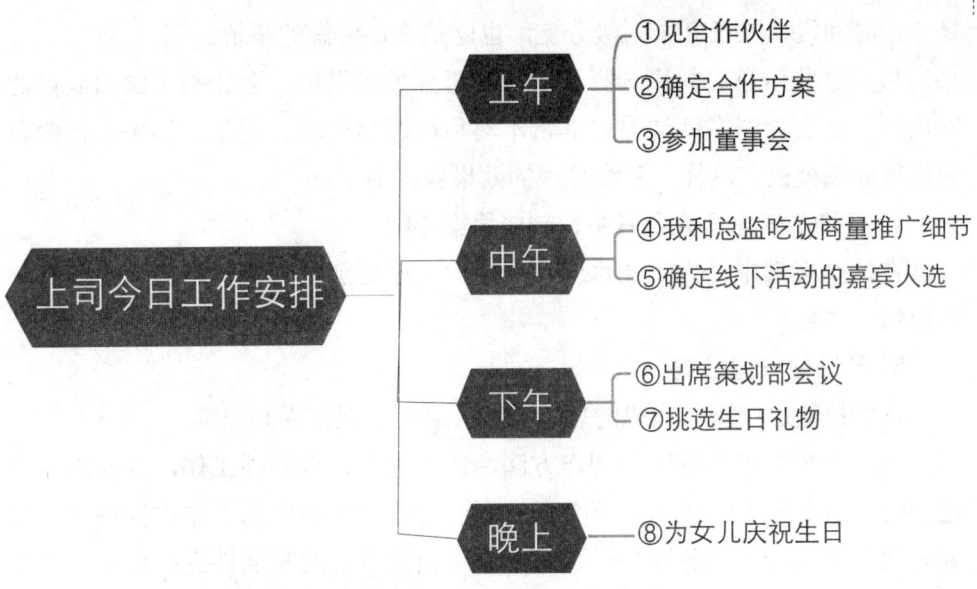

图 8-7 上司今日工作安排

通过以下几步就可以制作完成思维导图：

1. 列出绘图所需的相关信息

要制作"上司今日工作安排"的思维导图，首先要做的就是把上司的话记录下来，虽然信息量很大，但是有很多内容是没有参考价值的。所以，在提炼信息时，应该使用关键词摘取法，记下上司话中的重要信息。

2. 根据事情的重要程度进行排序

列出相关信息以后，上司今天要做的事情就已经全部罗列出来了，接下来要做的就是对这些事情进行排序。排序原则应该先急后缓，先公后私。对此，莉莉把这些事情做了以下总结归纳：

上司今日的工作安排：

上午：见合作伙伴、确定合作方案、参加董事会；

中午：和陈总监吃饭商量推广细节、确定线下活动的嘉宾人选；

下午：出席策划部会议、挑选生日礼物；

晚上：为女儿庆祝生日。

3. 根据总结归纳的信息，选择合适的思维导图模板

从上述提炼的信息可知，要绘制的思维导图一共有 4 个一级分支，也就

是 4 个时间段，以及 8 个二级分支，也就是 8 件要做的事情。

根据这些信息，如果选择放射状的思维导图模板，会让整个画面显得特别扁平，还会让左右两边显得非常不对称，影响美观。但是，如果选择向右的思维导图模板，这样，最终呈现的效果就好多了。

4. 将细节信息填充到其中，制成思维导图

在这个案例中，为了让每一件事情的顺序更加直观具体，莉莉还在每一项前加了序号。

5. 最后做一遍检查

仔细检查已经制作完成的思维导图，避免出现错误和遗漏。

本节介绍的思维导图的制作方法，适合用在记录各项工作，并安排工作进行的先后顺序上。比如，一个人想要对自己一天要做的工作进行规划，就要先把今天的工作任务罗列出来，然后再根据事情的重要性进行排序，并按照这个顺序制作思维导图。

虽然，在"紧要先行法"中，根据事情的轻重缓急排序是制作思维导图最重要的一步，但是要把这一步做好，让计划更具可行性，前提是必须要把信息记录完全。

比如，在本节的案例中，莉莉在对上司的话进行记录时，如果有一件事情没有听清楚，即使她后来的计划做得再完美，再合理，也会因为信息的遗漏，让整个工作安排的合理性大打折扣。

所以，在实际的操作中要注意：工作安排应该以完整的信息为基础，只有信息收集完整了，绘制出来的思维导图才会高效、无误。

第九章

客观准确，一锤定音——思维导图快速决策

终其一生，我们会遇到无数个需要选择的十字路口，在决策的过程中，如果我们能客观准确地选择对的道路，那么，我们的人生就会少走很多弯路；反之，如果我们选错了道路，误入了沼泽，那么，我们的生活就会遭遇不必要的麻烦，这便是决策的重要性。在决策的过程中，充分运用思维导图，不仅能提高决策的效率，也能提高决策的准确度。

本章内容如下：
➤为什么你总是做出错误的决策
➤如何做出让自己满意的决策
➤决策的方法
➤思维导图引导你走向正确决策

9.1 为什么你总是做出错误的决策？

我们的人生几乎无时无刻不面临着决策，无论在生活、学习中，还是在工作中，无论是买东西这样的小事，还是选择未来道路这样的大事，都需要我们做出抉择。

在过去的时光中，我们所做的抉择有多少是正确的、有多少能给我们的人生带来积极影响的，又有多少是错误的，会给我们人生带来了负面影响的呢？

不可否认的是，在这个世界上，几乎每一个人都有过做错决策的经历。买错了衣服，走错了路，选错了公司等等，在小事上做错了决策，或许无可厚非，可若是在人生大事上做错了决策，可能就会让人生陷入灰暗，甚至误入歧途。

所以，是什么导致了我们决策错误呢？对的决策会给我们的人生带来什么意义呢？

1. 决策对个人的意义

什么是决策呢？从大的方面来说，决策是为了方便解决你想要解决的问题，让你的目标得以实现，在分析和论证的过程中，选择一个最适合你的方案。而从小的方面来说，决策就是指做出决定，可以说每个人都可以是决策者。

好的决策对于我们的成功和成长具有十分重要的意义，它能够帮助我们更好地实现我们的人生价值和社会价值。下面，将从决策前、决策中、决策后三个方面，来探讨决策对个人的重要意义。

（1）决策前。在决策之前，我们应该想想自己的决策是否跟得上当前的社会环境，比如当前的经济环境、政治环境、自然环境、技术环境乃至人文环境等。应该要观察到大环境对决策的全面影响，比如让你在选择是继续当培训老师还是开设培训学校的时候，首先应该对创业的大环境以及社会背景进行详细的调查。

（2）决策中。遵循正确的决策原则和决策方法是决策过程中不可缺失的，这样才有利于做出正确的决策，对自己的生活产生积极的影响。

此外，在做决策的时候，还要遵循科学性原则、动态性原则、求实性原则、创新性原则、全面性原则和实效性原则。这些原则对于能否做出正确的抉择都很重要。

在这里要重点强调一下求实性原则。

在现实的生活中，不论大事小事，我们的任何决策都应该以事实为依据，从实际出发实事求是，客观问题客观分析，做到因人制宜、因事制宜、因地制宜、因时制宜，这就是求实性原则。

一定要注意，如果决策的基础是凭自己情绪化，不顾事实依据，全凭自己的兴趣或主观猜测为主，而不是对事实充分地理解和正确地分析，那必将导致任务泡汤，决策也会失败。

（3）决策后。就算决策完成，也不能掉以轻心，还要对决策进行执行，并对决策进行不断的改进。当然在调整的过程中还要结合自己的具体情况进行。只有经过不断的调整，才能让正确决策产生好的效应，给我们的生活带来希望。

2. 造成决策失误的原因

通过前文的学习，相信大家已经更深入地了解到了决策的意义，可我们在生活中也会有决策失误的时候，究其原因，主要有以下几点：

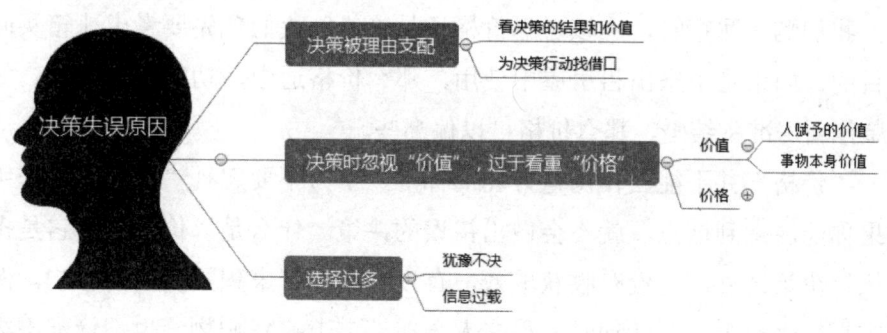

图 9-1 造成决策失误的原因

（1）以理由支配决策。在大多数情况下，事情发生的理由往往决定了我们的行为动作，也就是说我们的决策被理由支配了，这样做出的决策大多数都是失败的。

比如，在我们日常工作、学习的时候，在我们为生活奔波的时候，难免会受到委屈和欺压，这时心里的第一条指令是不是报复回去？受到委屈和欺压就会成为我们泄愤的理由，将之付诸行动，可这个理由是不能代表我们的决策就是合理的，也无法支配我们的行动，可想而知，当一个人处于愤愤不平、情绪激烈的状态下，大脑处于非理智状态，就可能做出错误的决策。

如果仅凭理由就做出决策，那这种做法本来就是欠缺思考的，因为在大多数情况下，我们容易做事冲动，行动过后才开始找支配行动的理由。换言之，这是我们实施了行动决策后，想让行动决策合理化所编的借口，可我们下意识里认为是理由激发了行动决策，这是错误的看法。所以，即使有充分的理由，也不能做出正确的决策。

在我们做决策时，应该多看做这个决策的结果，而不是只盯着理由。记住，结果关系着决策的成功与否。我们在进行决策时也要考虑到改决策能够给我们带来的价值，与我们的付出是否对等，能不能以小成本得到大利益，如果能，则说明我们的决策是对的。

（2）决策时不要忽视了"价值"。有些人在做决策的时候，往往忽视了"价值"，只看到了"价格"，这种忽视会使做出的决策无法发挥它最大的价值，举个例子：

我们购买冰箱时，应该考虑价格还是价值？我们首先要考虑冰箱买回家的目的，如果是用来出租房屋中使用，那么价格适中，功能齐全即可。如果是装修新房准备结婚，那么价格可以偏高些。

"价格"并不能当作衡量好坏的标准，千万不要忽视"价值"的作用，如果你能注意到这点，就不会做出错误的决策。什么是"价值"？它是指当你执行决策之后，有没有收获成效，有没有给你带来积极正面的影响。例如淘宝举行"双十一"活动时，很多人会在淘宝上疯狂购物，也不管需不需要这个东西，很有可能买回来根本用不上。其实，在购物中我们也在不断决策，如果购物中我们只看商品价格而忽略它的实用性，那就会让我们做出错的决策；相反，当我们购物时把商品的价格和价值一起关注，考虑全面，才能买到真正实用的商品。

怎么看一个事物是否具有价值呢？其实这个取决于两方面：一方面是人给予它的价值；另一方面是事物本身的价值。不同的人有不同的兴趣爱好，由此可知，就算是同一件事面对不同的人，它所产生的价值也会不一样。所以，未必"降价促销，清仓甩卖"对所有人都合适，只有重视事物对自身产生的价值，方可做出合理的决策。"价格"只是我们的一项参考而已。

一不留神，决策失误就出现在我们生活中，所以一定不要忽视"价值"的重要性。

（3）决策时切勿选择过多。在生活中，由于我们的选择太多，导致我们在迷茫中无法做出正确的决策，以致决策错误。

当我们挑选商品时，会发现有的商家把商品过于大量、细致的进行归类，也许在商家看来，商品的归类越细越好，但这并不是绝对的好方法，商品如果分类的太过细致，购买者就会有选择困难症，在难以抉择的情况下，没有耐心的客户可能就拂袖而去了。

有研究表明，当一个人在决策时，处理信息的能力决定了他对不同选择数量的反应。在日常生活中，当我们遇到太多的选择就会导致大脑信息过载，特别是在面对陌生的选项时，就会做出错误的分析，这就让我们在面对决策时踌躇不前，无法做出合意的抉择。

我们在决策的过程中本来就处在难以抉择的境地，倘若在难以抉择的基础上再出现太多选择，那就会使我们的抉择更加艰难，让我们的大脑一片混沌，要想解决这一难题，就要在我们面临众多选择时，把选项先进行分类，再慢慢减少选项，这样既减少了我们决策的时间，又让我们做出更好的决策。

9.2 如何做出让自己满意的决策？

在生活、学习和工作中，需要我们做决策的事情很多。

在前文中，我们已经了解了做出错误决策的相关原因和决策的意义，那么，在实际的生活中，究竟怎样才能做出合理有效的正确决策呢？

思维导图从入门到应用

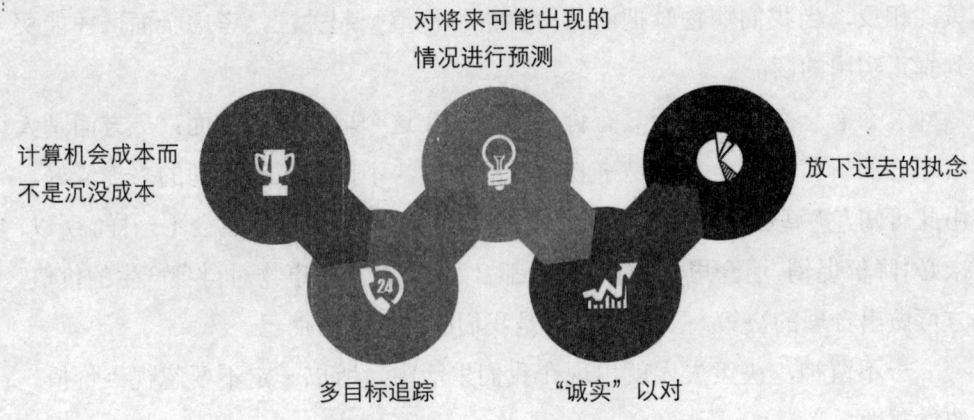

对将来可能出现的
情况进行预测

计算机会成本而
不是沉没成本

放下过去的执念

多目标追踪

"诚实"以对

图 9-2 决策原则

1. 计算机会成本，而不是沉没成本

如何解释机会成本？通俗地说，机会成本就是我们在做决策的时候，必须放弃某些事情，而这些事情又会对我们造成一定的损失。例如，相信大家都遇到过这样的情况，在难得的周末，本想陪陪家人，但是同事又相约聚会，于是，面对这种情况，便不知道该如何选择。

其实，在遇到这样的两难局面的时候，我们不妨计算一下机会成本：假如我们选择拒绝同事的邀请，按照原计划和家人共度周末，那么，我们的机会成本就是失去了和同事接触的机会，而这个同事又很可能是未来对我们工作有帮助的伙伴；而如果我们选择了接受同事的邀请去参加聚会，那么，我们就失去了与家人团聚的机会。

那么，我们又该如何理解沉没成本呢？

所谓的沉没成本就是一些对决策毫无作用的花费。在我们的实际生活中，经常有人把沉没成本作为重点，却忽视了对机会成本的计算，这样做其实是不对的。

比如，有些人在家里吃饭时，明明已经吃饱了，但是为了不造成浪费，还是选择继续吃，直到吃撑为止，这些人就是太在意沉没成本。事实上，即使你吃得再多也不会给决策带来任何影响，反而会因为吃撑而带来负效益。

可见，过分在意和追求沉没成本是没有任何意义的。在实际的生活中，不要为了"数量"而刻意追求付出成本，也不要为了寻求安慰就放弃对"满足程度"的追求。因为这样不仅不会给决策带来任何益处，而且会带来负面的影响。

2. 多目标追踪

在做出决策的时候，如果选项过多的话，会给我们进行合理有效的决策带来影响。但是，这并不意味着我们就不需要选择。通常，我们可以给自己几个选项，一方面给自己一些可选择性，另一方面也不会因为选择过多造成选择障碍，从而更合理有效地进行选择。

在决策过程中，同时为自己提供两个或者两个以上的思路就叫多目标追踪。为了达到更好的决策效果，通常，为自己提供 2-5 种思路是最合适的。

在做决策前，我们可以用思维导图把自己大脑中想到的思路写下来，再将我们大脑梳理问题的走势以具体的形式呈现出来。如此一来，我们在进行分析时，才能分析得更具体、更全面。与此同时，我们在进行多目标追踪时，还要不断地进行自我反省，以便加速决策进程。

在决策时使用多目标追踪是至关重要的。因为没有选项，思路单一，我们的思维就会被禁锢，无法做出最佳的决策；反之，假如在决策的过程中有多条思路的话，我们就可以选择最佳思路来帮助我们决策。当然，思路也不能过多，以免陷入过于混乱的境地，最终不利于快速决策。

此外，在决策的过程中使用多目标追踪时一定要注意避免虚假选择。换言之，我们思考的几个选项应该是行之有效的。同时，这些决策选项必须要能给我们带来正面的影响。

3. 对将来可能出现的情况进行预测

相信大家都遇到过这样的情况，在执行决策的过程中，经常会事与愿违，由于一些客观因素的影响，导致最终的结果和预想大相径庭。

如果出现这样的情况应该怎么办呢？俗话说"未雨绸缪"，我们应该对可能发生的情况进行预测，这样做并不代表你的决策一定错误，而是要防患于未然。

为了应对突发情况，在做决策的时候，我们可以用逆向思考的方法。这样做，不仅可以最大限度地降低意外发生的概率，还能在出现失误时进行及时的补救。

4. "诚实"以对

做人不仅要对他人诚实，更要对自己诚实。在决策的过程中，"诚实"是必不可少的。为了做出最合理、最有效的决策，我们应该学会对自己诚实，从自身实际情况出发，遵从自己的内心，并且找准自己的目标及方向。

5. 放下过去的执念

如果你还在为了"打翻的牛奶"哭泣，那么请及时停止吧，因为纠结于过去的事情就等同于在浪费宝贵的时间。

过分沉溺于过去失误决策的悔意中，只会让我们产生负面的情绪。它对我们目前所进行的决策不会产生任何的积极作用，相反还会带来消极的作用。所以，我们应该放下曾经做过的令人懊悔的决策。

在现实生活中，不要害怕做错决策，而应该学会多从失误的决策中吸取经验和教训。唯有这样，我们才能更好地进步，从而提高自己决策的质量和效率。

当然，最重要的是，要学会放下过去的执念，选择向前看。

比如，我们去一家网红甜品店吃甜品，结果发现甜品并没有那么好吃；又比如，我们去一家理发店剪头发，结果发现理发师的手艺无法让自己满意……对于这些已经发生的事实，我们没有必要纠结，而应该把时间和精力放在更重要的决策中。

当然，为了让自己做出的决策不导致未来的后悔，我们在做任何决策的时候都要认真考虑，认真权衡。此外，还可以多考虑几套备用方案。

总之，决策在我们的学习、生活和工作中扮演着至关重要的作用，要想让自己做出的决策正确，就一定要掌握正确的决策方法。

9.3 决策的方法

不可否认的是，决策的好与坏将直接影响着事情的处理结果。若想圆满解决所有事情，那么我们在进行决策时，就要掌握和运用一些正确的决策方法，唯有这样，做出的决策才会合理有效、切实可行。

下面我们就来看看具体的决策方法有哪些。

决策树法　　　　　决策矩阵法　　　　　吉德林法则

图 9-3 决策的常用方法

1. 决策树法

决策树法是一种较为常见的决策方法，它是指通过树状图或括号图的导图形式，将几种不同类型的决策方案加以罗列和对比，并从对比后的结果中选出一个最优质的方案。

一般来说，进行罗列与对比的决策方案中，或多或少都会有好几种概率出现，因而结果也完全不同。而决策树法，就是将不同的决策方案中可能出现的概率事件和产生的不同结果，用图的方式加以分析，使人一目了然，从中选择出最正确、合适的决策方案。

当然，在运用决策树法进行决策时，若能将决策树法和思维导图所倡导的发散性思维加以糅合起来，并准备不少于两个的备选方案来进行对比和分析，这样就能在决策依据的指引下，做出客观而准确的决策方案。

那么，我们如何利用决策树法的优势做决策呢？不妨参考以下三个步骤：

（1）确立中心主题。在绘制树状图或括号图类型的思维导图时，确立即将展开决策方案的中心主题。

（2）确定主分支。围绕前面确立的中心主题，展开丰富的想象力，联想出两个或以上的决策方案，并根据具体的决策方案来确定主分支。

（3）对主分支进行发散。确定了主分支后，便可以此来延伸和发散，对主分支可能发生的概率事件和产生的不同结果做出预估和评判，依据结果筛选出最好的决策。

下面这幅"决策树"思维导图便让人一目了然。

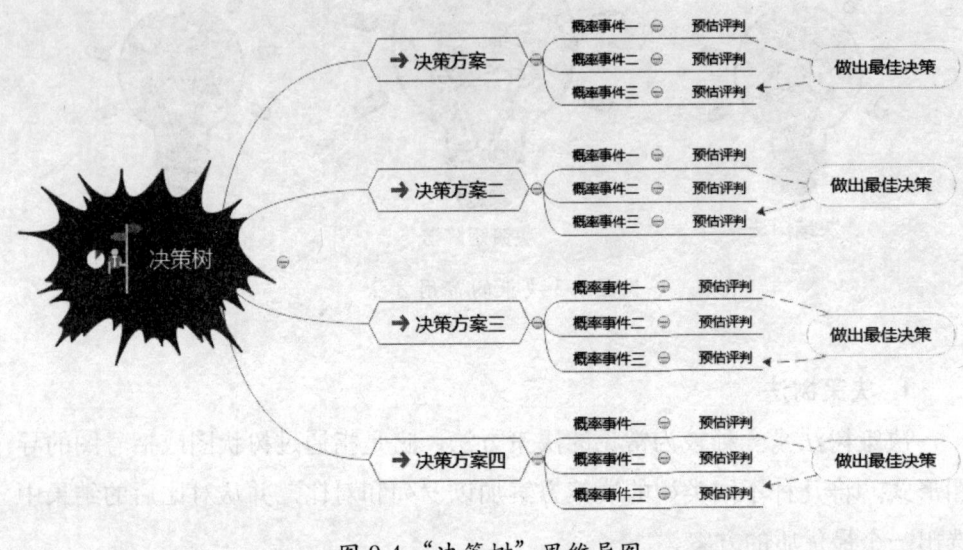

图9-4 "决策树"思维导图

2. 决策矩阵法

除了决策树法，还有一种矩阵法。所谓矩阵法，并不是行兵步阵，而是通过矩阵表格的方式将各种类型的备选方案、优劣势加以分析和对比，从而获得最好的决策方案。通常，决策矩阵法被广泛用于一些风险类型的决策中，因此它又被称为"风险矩阵"。

利用决策矩阵法做出优质的决策也需要四个步骤：

（1）列出备选方案。将需要进行决策的事物列出几种不同的备选方案，并将备选方案有可能产生的影响力也一一列举出来。

（2）设定分值。将需要考虑的一些因素按影响力的大小设定分值。

（3）进行实际打分。将备选方案中列举出来的需要考虑到的因素，按影响力大小进行实际打分。

（4）选择最佳方案。从每一种序号所对应的备选方案的分数中，择优选出最优质的决策方案。

例如，陈小姐装修房子要购买空调，但品牌太多难以选择，于是她利用决策矩阵法在 A 和 B 两个品牌之间做了取舍，选择了 A 品牌。如果将需要考虑到的一些内外因素的评分标准设定为 1-5 分，通过下面这张表便可以对不同品牌之间的优劣势做一个很好的对比。

表 9-1 陈小姐用决策矩阵法选择空调的品牌

序号	考虑因素	A 品牌	B 品牌
1	产品价格	5	5
2	性能参数	4	5
3	美观度	3	4
4	品牌形象	5	5
5	噪音大小	4	3
6	耗电量	4	3
7	清洗加氟费用	4	2
8	整体考虑（合计）	29	27

3. 吉德林法则

美国通用汽车公司管理顾问查尔斯·吉德林曾说："认识到问题并把难题清清楚楚地写出来，便已经解决了一半，只有先认清问题，才能解决问题。"这便是著名的吉德林法则。吉德林法则如今已经被越来越多的个人和企业运用，并给大家带来了很多实质性的帮助。

不管是在生活中还是工作中、学习中，每个人在前行的道路上都会遇到各种各样难以解决的问题，很多人绞尽脑汁都没有想出一个最有效、最实用的解决方案。

这种情况下，不妨试着运用吉德林法则，哪怕每个人遇到的实际情况与事情的难易程度不同，但大家的最终目的都是要解决问题。而吉德林法则的最主要特征：就是找出问题的关键点，再针对关键点去展开分析和讨论，做出最合适的决策。

例如，如果我们想在职场中顺风顺水，让薪水和职位都更上一个新台阶，便可以运用吉德林法则，去寻找和发现自己不能升职加薪的具体原因，是能力不出众还是没有在领导面前踊跃表现自己？

只有认清并找准了问题的关键，才能围绕事情的中心主题去进行分析，做出最正确的决策来解决问题，帮助自己得到更好的成长。

9.4 思维导图引导你走向正确决策

很多人在做决策前后，内心都会经历波澜起伏的一系列变化，决策前优柔寡断、瞻前顾后；决策中忐忑不安、担惊受怕；决策后顿足捶胸、悔不当初。

之所以会有这样的变化，主要还是因为我们做出的决策不正确所导致的。由此可见，决策的正确率高低对我们起着至关重要的作用。那么，我们要怎样才能提升自己决策的正确率呢？

不妨从以下三方面入手：

1. 运用思维导图做决策

在人生前行的路上，很多人的内心都会考虑这样一个问题：是创业当老板还是继续做普通打工仔？在思考这个问题之前，我们首先得弄清楚决策的中心问题——具体围绕什么事情来做决策。

当然，在围绕中心主题进行思考、利用思维导图帮助我们做出决策时，一定要对决策所涉及的损耗、成本等一些不确定因素进行预判、评估和分类，并对可能造成的影响力用分数表示出来，这样便可以对不同因素之间的差异化做一个详细的了解。

运用思维导图做决策的一个最大好处就是：可以将整个决策过程可视化，让自己的决策变得有章可循、有理可依、有据可查，同时对思维的发散能力和决策效率有着显著提高。

2. 提升广度思维

想提高自己决策的正确率，那么我们在决策的过程中便要全方位考虑问题，让思路变得更宽广。进行广度思维之前，首先对想要了解的信息进行广泛的收集，然后再加以具体的分析，通过分析选出最好的、最优质的决策方案。

通过不同的渠道和方式，收集不同的信息完成知识的积累，这些都可以丰富我们的大脑，提升个人思维能力，而这对做出正确的决策方案是十分有利的。但具体实施起来，还需要做到下面几点。

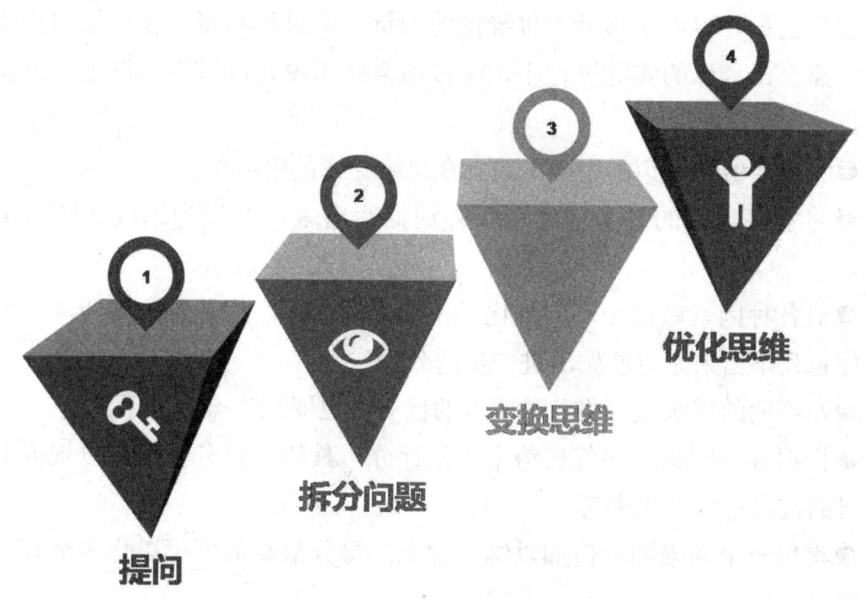

图 9-5 提升广度思维的四点技巧

（1）提问。说到提问，有些人可能会不屑一顾，但其实小小的提问却隐藏着大大的学问。毕竟很多人在做出决策前，内心都会感到迷茫与彷徨，辨不清事情的发展方向，不知道应该如何高效率地解决问题。因此，在做决策前我们一定要养成一个提问的好习惯，认识自己的内心需求。

（2）拆分问题。通常，一个大问题里又包含了无数个小问题，相比于大问题，小问题似乎更容易解决，也只有解决了无数个小问题，才能积蓄更多的力量与经验去解决大问题。所以，遇到问题时，我们也要懂得拆分问题。

（3）变换思维。如果不懂得变换思维，就会故步自封将决策的范围变得狭窄。只有勇敢拆掉思维的墙，视情势的发展与需求去变换思维，才能拥有和创造无数种可能。

（4）优化思维。所谓优化思维，就是将大脑的思维过程加以细化和精进。

比如，打算报名学习舞蹈课程时，社会上的各种培训班和课程眼花缭乱令自己无法抉择时，这种情况下便可以将大脑的思维方式加以细化：选择哪种师资力量的培训机构、是选择年度还是季度的缴费方式、选择哪种课时等等。不断细化自己的思维过程，以便做出正确的决策。

3. 思维导图决策步骤

我们的最终目的是借助思维导图的力量，来引导和帮助我们做出正确的决策，那么在具体的实施过程中，又该如何操作呢？可以参考以下六方面的步骤。

●将需要做出决策的中心主题画在思维导图的中心位置。

●将需要考虑的各种因素用关键词描写出来，并作为思维导图的第一层级。

●对各种因素做进一步的细化，在细化的同时，将各种因素所涉及的一些方面也列举出来，方便做出进一步的分析。

●在不同的层级上，将各种因素的优劣势也罗列出来并标示清楚。

●根据各种因素下的优劣势来进行评分，具体的打分标准可以根据上一节所讲的决策矩阵法来参考。

●将每一个因素的分值加以综合起来，得分最高的便可以作为最好的决策方案。

随着思维导图在绘制过程中的不断延伸和分支，使得我们可以将自己的所思所想用图文结合的方式完整地呈现在图中，并对这些已经出现或即将出现的问题加以分析和评判，让整件事情看起来更清晰和具体，这样才有助于我们寻找到最正确的答案。

第十章

沟通顺畅，彰显自信——思维导图助力人际交往

　　生活在这个世界上，我们每个人都不是孤立存在的个体，都不可避免的要与他人进行沟通和交流。好的沟通方式和较强的沟通能力，能够让我们在人际交往中更加游刃有余，而要做到这一点，单靠动动嘴皮、说说话是行不通的，还必须掌握一定的方法和技巧。

　　作为一种重要的思维工具，思维导图不仅能提高我们的学习和工作效率，也能够在人际交往中发挥重要的作用。关于这部分的内容，将在本章中进行详细阐述。

　　本章内容如下：

➤思维导图让沟通变得更顺畅

➤思维导图辅助演讲

➤运用思维导图管理通讯录

➤初入职场，利用思维导图处理人脉关系

10.1 思维导图让沟通变得更顺畅

我们每个人都不是孤立的个体，在生活、工作中都不可避免的会与他人有交流和沟通，而这种沟通能力，不仅仅只是动动嘴皮、说说话而已。

1. 沟通的目的

每个人都需要沟通，在建立沟通之前，我们要清楚地认识到自己沟通的目的是什么，如果漫无目的地沟通不仅浪费了彼此的时间，而且是无效的沟通；一个有效的沟通，不仅使我们了解外界对我们的评价，也是寻求一个认同的过程，这样也可以提升自我认知。

在人与人的沟通中，沟通目的可以分为以下几点：

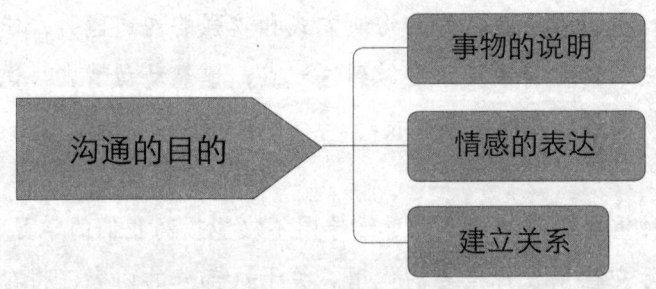

图 10-1 沟通的目的

（1）事物的说明。在沟通中，我们能清楚地表达一件事情或一个看法，这就是有效的沟通，也是沟通中最重要的一点。

（2）情感的表达。每个人都有感情，人与人之间的沟通更是离不开情感的建立，当建立到一定的关系程度上，我们在沟通互动的时候，即便不说出来，也会用情感表达出来。

（3）建立关系。沟通是一种社交需求，人与人之间沟通、交流的多了，就渐渐变得不再陌生，沟通将两个人彼此拉近，由内而外建立起两者关系。

不仅在日常生活中，而且在职场中，沟通更是解决问题及达成共识最重要的方式之一。所以说，沟通最直观的目的就是让别人清楚你所表达的内容是什么。

2. 出现沟通障碍的原因

在沟通中，不可避免地会出现一些分歧，这是普遍存在的现象，因为沟通并不是一件毫无头绪、随口乱讲的事情。出现沟通不畅的时候，我们应该想想在与他人交流的时候，是不是有效地将自己的想法有条不紊地表达出来，会不会让他人产生误解，从而造成沟通上的障碍。下面，我们归纳总结出了关于沟通中出现障碍的两个原因。

图 10-2 沟通出现障碍的原因

（1）以自我为中心。虽然沟通的目的是为了将自己的想法清楚地表达出去，但是完全以自我为中心，不顾他人的想法，那么沟通就会产生很大的分歧，形成沟通上的障碍。我们都知道自身思维是影响沟通的重要因素，只顾自我表达，无法正视彼此之间的观点，或者根本不设身处地地为他人考虑，在沟通中就显得格外自私，两个人也就无法达成共识，也就成了一个无效的沟通方式。

（2）思维逻辑混乱。很多时候，出现沟通不畅的情况，是因为我们并没有做好有一个逻辑清晰的思维前期准备，常常会在沟通中出现前言不搭后语，无法将有效的重要信息传递给别人，甚至表达了一些混淆视听的言语，让别人摸不着头脑，更加误解你的意思。

为了避免这种沟通中的障碍，我们就应该多多学习如何与他人建立有效的沟通。

3. 用视觉化思考助力沟通

在与人沟通中，出现"卡壳"现象并不是件乐观的事情，证明你的思路比较混乱，大脑中并没有形成一条清晰的思维模式，如果我们懂得如何运用大脑中的视觉化模式来进行沟通的话，就会简单许多。

在我们的大脑中，有70%的神经与视觉有关，人脑获取的信息量也多半源于视觉功能，可以说我们的大脑其实可以称为视觉大脑。当我们在与人沟通、表达、写作、演讲的时候，尽量保持头脑中有与之相符的画面，这样我们在传达话语的时候就会显得生动形象许多，别人听起来也会容易接受。

既然我们拥有视觉大脑，那么我们在大脑中就很容易形成可视化思考。这种思考方式，可以快速唤醒一个人的"画面感"，将混乱的思维逻辑通过画面的形式呈现出来，头脑逐步清晰起来，有了清晰的思路模式，就能顺利开动眼、耳、手、脑的高效协作，瞬间让沟通变得顺畅起来。

视觉化思考模式让沟通变得如此高效，其分析原因如下：

首先，头脑中呈现出的"画面感"更直观，印象更深刻，不会出现前后表达不一致的状态。

其次，直观的图像能提供更多的信息，从而使沟通的内容变得丰富起来，在传播的时候不会出现"卡壳"现象，还能促进沟通的条理性和连贯性。

最后，视觉化思考模式可以梳理我们大脑中杂乱无章的想法，提取重要信息加以概括，让复杂的事情变得简单化，从而也有效地提升了自身的思维模式。

综上所述，视觉化思考模式是有助于我们沟通的一项重要模式，将其运用到工作、生活中，就能够使我们的沟通变得更加顺畅。

10.2 思维导图辅助演讲

演讲是一门技术，即便是著名的演说家，在上台前也要进行一番充足的准备工作。在现实生活中，一些人平时说话滔滔不绝，上了台却不一定能说得好，而那些素日不太爱说话的人，反而上台演讲时能做到字字珠玑、感人肺腑，之所以会出现这样的现象，往往与他们私下的准备工作有关。准备工作做得好，上台表达时才能更加游刃有余。

为什么演讲会让我们觉得恐惧？要克服这种恐惧，我们该如何去改变呢？当我们把自身暴露在大众面前的时候，会下意识地产生恐慌和紧张感，当有无数双眼睛盯着自己的时候，会浑身不自在。为了克服这种恐惧，有些人就会寄希望于演讲稿上，希望精彩的演讲稿可以帮助已经紧张到快要昏厥的自己，把自己投入在演讲稿中，也可以暂时缓解紧张感。可是只是低着头照着读的演讲就是一个成功的演讲吗？当然不是，真正的演讲不仅要抬头看观众，更要学会与观众互动，并且把身体的各个感官系统协调地运用到演讲中去。

所以我们就要将思维导图引入自己的大脑，将思维转为可视化的表象形式。那么在演讲的时候，我们大脑呈现出的"画面感"就更为直观地表达了我们所要演讲的内容，而且在外在表现上也会显得自如，而不再恐慌。

1. 思维导图在准备演讲过程中所发挥的作用

在准备演讲的过程中，思维导图发挥作用不容小觑，主要表现在以下几点：

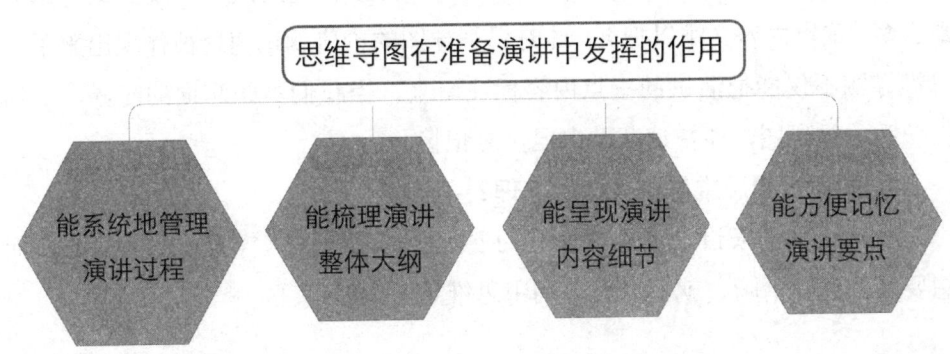

图 10-3 思维导图在准备演讲中发挥的作用

（1）能系统地管理演讲过程。我们不管是做演讲，还是做其他的事情，都希望事件能有一个统筹规划，这样就不会乱了方寸。而要做到这一点，就必须借助于思维导图来处理整个过程中的细节问题，并通过思维导图的方式把整个演讲活动当一个系统来进行管理，使其变成一个完整的系统。这其中也必然包含了演讲前、演讲过程中以及演讲后的方方面面，这样才能做到心里有数，从而保障整个演讲最终获得成功。

（2）能梳理演讲整体大纲。演讲人对演讲内容进行整体设计的时候，可以用手绘或者软件绘制思维导图。思维导图能清晰直观地表达演讲内容的整体大纲，并对相关的重点内容和关键词进行有效的分解及整理。同时，思维导图里面的图像、图标也让演讲内容看上去更加丰富多彩，不会给人一种呆板刻薄的感觉。在演讲前对照着思维导图多次试讲和反复记忆，在正式演讲的时候才会底气十足。

（3）能呈现演讲内容细节。思维导图的呈现方式，会让主干的核心内容不断地分解出无数个分支，呈现的内容会更加精细化，使演讲内容更加丰富、完整及多元化。在绘制思维导图的过程中合理筛选关键词，合理运用图像、图标，在演讲的时候，就会很容易找到重点，自然而然地在这一部分上着重论述。

（4）能方便记忆演讲要点。一个含有大量文字的演讲稿，并不是一个好的演讲稿。因为我们并不会花太多的精力去把这些内容一字不漏地背下来，如果拿着演讲稿一股脑儿读出来，那也不叫真正意义的演讲。既然文字部分那么多，重点内容又难以把握，此时思维导图的价值就迅速地被体现出来了。思维导图不仅能把演讲的重点内容标注出来，当我们紧张忘词的时候，迅速扫一眼思维导图，能快速帮助自己恢复记忆。

2. 如何运用思维导图做演讲梳理？

一次成功的演讲最基本要做到的便是逻辑清晰，这样方可深入人心，而想要做到逻辑清晰，就可以充分利用思维导图来做梳理。

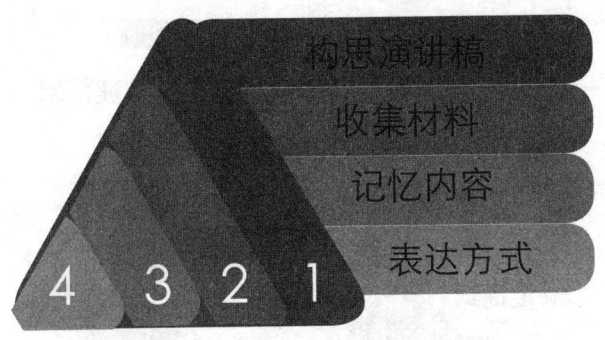

图 10-4 运用思维导图做演讲梳理

（1）构思演讲稿。思维导图比较直观，而且中心突出，同时还能展示细节，因此很适合用来构思演讲稿。一旦确认主题之后，便可利用思维导图的形式来展开内容，这样可避免出现跑题的现象。

（2）收集材料。利用思维导图还可以将材料进行统一归类，可以把演讲内容分成多个模块，然后再将材料整理到各个模块之下，这样一来零碎的材料就变得清晰明了，查找运用起来也比较方便。

（3）记忆内容。思维导图不仅图文并茂，而且还具有缜密的逻辑关系，能够解放大脑，助力记忆，因此利用思维导图来记忆演讲稿不仅方便快速，而且也不容易忘记。

（4）表达方式。最后在演讲前，要利用思维导图在头脑中过一遍演讲的内容，同时也要构思出表达方式，知道哪一个板块用什么样的方式来说，充分抓住锻炼口才表达的机会。

3. 思维导图助力演讲应遵循的相关步骤

思维决定行动，只要充分利用思维导图，那么演讲就不会是多么难以企及的事情。具体说来，思维导图助力演讲应遵循以下几个步骤：

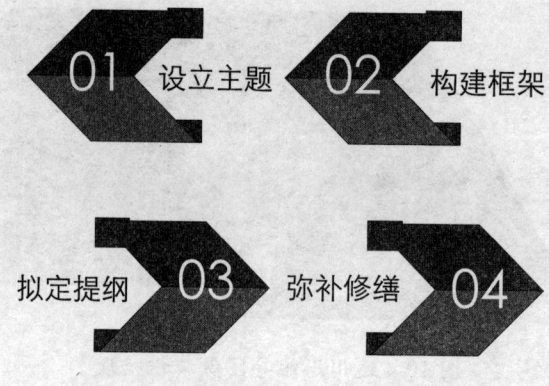

图 10-5 思维导图助力演讲的步骤

（1）设立主题。演讲前首先要做的就是明确主题，要清楚本次演讲的主要目的，针对目的，内容的侧重点会有所不同，只需要抓住一个点进行探讨即可，然后在纸的中心位置将主题列出来，画上圈。

例如本次演讲的主题是"不要熬夜"，那么可以谈论的内容包括熬夜的坏处、自己的亲身体会、如何早睡早起等。如果将这些内容全部写出来，那么内容就会非常多，而且比较杂乱，没有特色，因此最好抓住一个点，侧重进行拓展，只说熬夜的坏处即可，在中心画一个圈，写上"熬夜的坏处"，那么它就是这次演讲的主题，该主题也就是整个思维导图的主题。

（2）构建框架。演讲通常情况下由四部分构成，即开头部分、中间部分、结尾部分和提问部分。因此可以在设立主题的前提下，分出四个分支来，列出主要框架，当然，也可根据自己的实际情况，就演讲要求和环节对分支进行删减。见图 10-6。

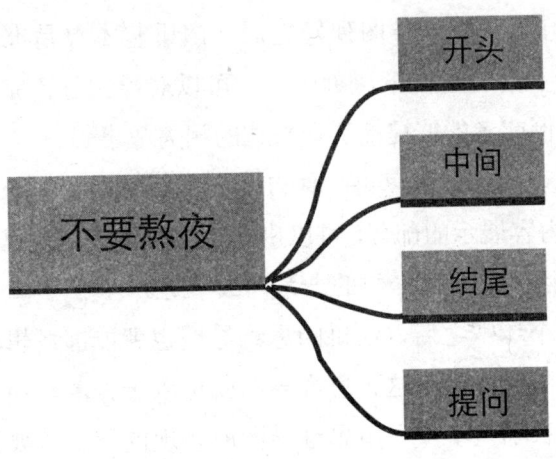

图 10-6 "不要熬夜"的框架

（3）拟定提纲。拟提纲的过程就是分支的细化过程，要将所讲的内容都列清楚。

A. 开头部分。开头即演讲的开场环节，通常需要进行自我简介，并提出主题。有关自我简介，要想好介绍自己的哪些方面，可以是姓名、班级或兴趣爱好等，想清楚后即可将这些内容添加到分支上。自我简介部分也可以适当与主题相切。例如针对主题"不要熬夜"，可以在自我简介中提到自己已经"连续几天没有熬夜了"等。

而引出主题部分，可以直接提出主题，也可以通过一系列互动环节引出，例如针对"不要熬夜"这个主题，可以问大家晚上几点睡觉等。

B. 中间部分。中间部分主要是内容的分享过程，要想好从哪几个方面来谈论熬夜的坏处，可以从身体、时间、效率、饮食等多个角度去谈，想好角度之后便是下一个分支的关键词，将它们一一列出来即可。

C. 结尾部分。结尾部分就是结束语，通常要对整个演讲进行总结，然后表达一些感谢的话。这些部分均可列入分支。

D. 提问部分。演讲过后有时会遇到提问环节，可以预想一下可能会遇到的问题，然后进行罗列梳理，想好回答的要点。若是没有人提问，那么也要想好这段时间该怎么补充，可以进行互动，或者反问听众等。

（4）弥补修缮。思维导图列好之后，演讲基本算是准备好了，此时可以进行回顾，为了给听者留下深刻印象，可以对导图进行完善和修饰，比如加入各种真实案例或者能够提高听众兴趣的相关故事等。

例如自我简介的部分可以讲一件自己名字的来历，便于听众记住你。中间部分，也就是内容展示的部分，可以讲一讲熬夜过程中自己经历的一些事，或者自己听说的因为熬夜而产生的一系列故事等。

完成以上四个步骤之后，演讲的思维导图也就能够逻辑清晰地展现在你的面前了，演讲前只要带着这张思维导图就可以十分清楚地知道自己接下来该干什么，应注意哪些事项。用思维导图所呈现的演讲稿要比单纯的文字稿更加灵活，也更容易把控。

10.3 运用思维导图管理通讯录

你是否也曾遇到过这种情况，当你打开手机通讯录、微信通讯录、QQ通讯录和微信朋友圈想联系特定的人时，却发现通讯录所有人的信息都很混乱，没有类别，无法在第一时间找到自己想联系的人。这种情况，对我们管理人脉关系是不利的。

通讯录和名片的性质是一样的，都是我们人脉的重要体现。可以说，在实际的社交中，学会对自己的通讯录进行管理、对自己的人脉关系进行梳理是非常重要的。那么，究竟有没有一种简单的方法，可以让我们更好地管理自己的通讯录呢？

答案显然是肯定的，借助思维导图，就可以完美地解决这一问题。具体来说，借助思维导图进行通讯录的管理主要可以分为以下几步：

1. 在学习通讯录人脉管理之前，明确强连接与弱连接的概念

强连接是与我们有直接接触、互动频率很高的一类人脉，这些人主要包括同事、朋友和家人等。强连接关系代表行动者之间有频繁的往来，关系稳定且坚固，处于强连接关系圈的人更容易影响我们的生活轨迹。然而，强连接流动的信息多半是重复的，这也容易导致我们陷入信息单一的闭环里。

弱连接是与我们很少接触的、互动频率很低的一类人脉，主要包括很久

不联系的朋友、工作活动中见过一次的人和很少联系的志趣相投的人。弱连接中的人脉非常广泛，他们中的一些还有可能给我们带来新的资源和新的人脉，需要我们进行有效的分类。

　　了解强连接和弱连接的概念之后，我们对自己复杂的通讯录就不再束手无策了。接下来，我们就能将通讯录进行精确的整理和分类了。而使用思维导图这样的视觉可视化方式，有助于我们将通讯录整理出来。

　　2. 绘制自己的"朋友圈"

　　在我们进行通讯录管理之前，首先要依照思维导图的方式，把我们需要管理的人脉当作中心主题，然后放大这个主题，以达到亮眼的效果。

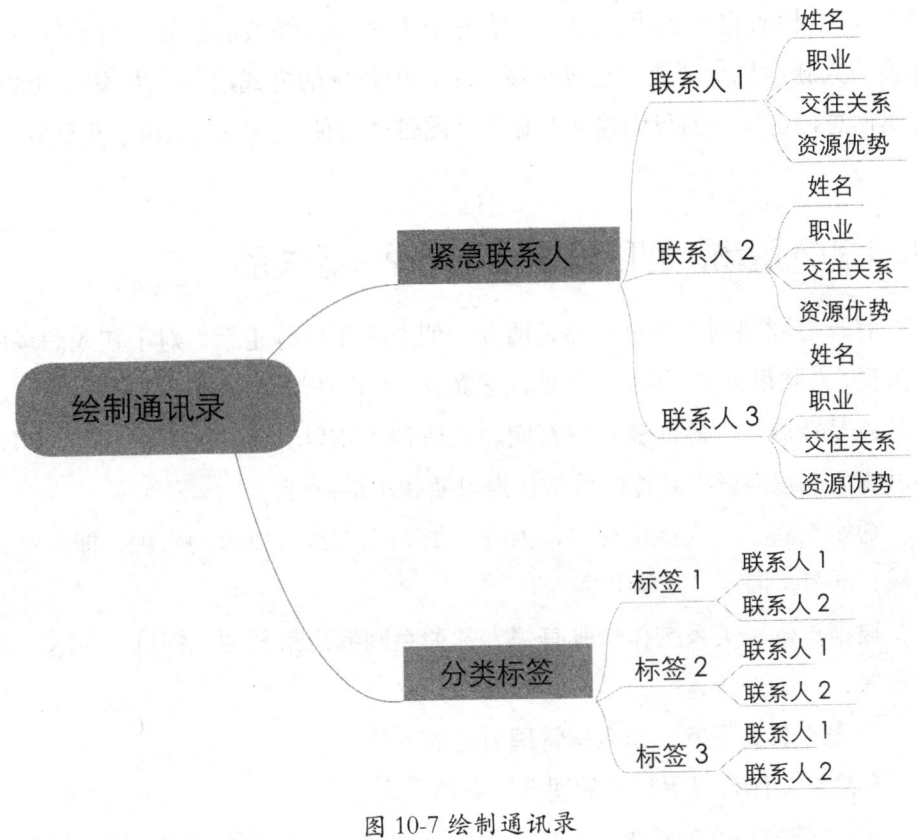

图 10-7 绘制通讯录

　　我们进行通讯录管理的时候，可以从下面几个方面进行操作：

（1）首先要列出"紧急联系人"。我们整理通讯录的时候，首先可以把"紧急联系人"列成一个独立的分类。当然，这里的"紧急联系人"不是指危机时刻要联系的人，而是与你在三天内或短时间内产生多次联系的人。这个分类的紧急联系人是我们人际交往中最重要的组成部分，妥善运用这些人脉，将有利于我们建立起强连接关系圈。

（2）将庞大的人脉进行整理，对不同的人脉进行分类，设置不同的标签。围绕中心主题进行发散，列出大分类，给这些大分类设置标签，比如同事、同学、客户、志趣相投者和旅游伙伴等不同的标签。我们再将大分类下面列出小分类，设置更细致的标签。这样我们就可以将庞大的人脉归纳在不同的标签里，从而清楚地知道每个所属分类标签的数量与质量。

（3）检查自己的思维导图，给每个人都添加细致的信息。将不同分类标签的人脉信息全部放进思维导图当中，用特别的方式给每个人添加细致的专属信息，这样能为我们建立人脉关系圈带来方便，查找起来也会更便利。

10.4 初入职场，利用思维导图处理人脉关系

有一首歌唱到"千里难寻是朋友，朋友多了路好走"，对于初入职场的人来说，人脉很重要。多交一个朋友多条路，在现在这个信息高度发达的时代，人脉就是钱脉，人脉圈就是财富圈。正所谓"物以类聚，人以群分"，朋友的思想高度也能影响到你的日常行为习惯和思维高度。

通常在我们的人际交往中，人与人的关系大致可以分为六种，即血缘、地域、同窗、同事、随缘和客缘。

根据这六种关系制作一张有关人脉关系网的思维导图，探讨一下这方面的知识。

1. 怎么样交朋友，怎么样管理自己的人脉

要想结交比自己更优秀的朋友，有两点需要学习。

（1）建立自身的价值。正所谓"人不怕被利用，就怕没有利用价值"，在你想进入别人的朋友圈内的时候，你有没有问过自己是否够资格成为对方的朋友。既然"物以类聚，人以群分"，对方的朋友圈当然也需要一个对他

有价值的人。你"是否有用"，决定你能否提升自身的价值。

当你的自身价值得到提升，别人对你价值的需求也随之增多。你的高度决定了你能进入的朋友圈的高度，对等的，你的自身价值决定了你朋友圈里朋友的价值，你的价值越高，人脉也会越广。

（2）传递自身的价值。初次和陌生人相识，既是一种自我"推销"的过程，也是了解对方，并和对方交换"价值"的过程。人无完人，你的朋友圈里的朋友不可能都是一样的人，围绕在你周围的朋友自然各自有自身的价值，把这些关系都连接起来，就组成了一个关系网，而我们每个人都处于多个这种关系网中。

当你自身只是处于别人关系网某个节点的位置的时候，你在这个关系网的位置决定了你的人脉关系是单向的，你和这张关系网上的其他人是没有联系的，这种人脉产生的价值也是有限的。

所以，我们需要建立更多的人脉资源，把别人的关系网和自己的资源联系起来，让自己处于关系网中的关键节点，产生出更多更大的价值。

在你个人的关系网中，你就是这个关系网中的中心点，当你这个中心点成为更多关系网中的关键节点之后，你的人脉关系就会越来越巩固和扩大。各个关系网会为你提供更多关系，并能帮助你提高自身的价值。

利用思维导图来建立一张人脉圈，既快捷又便利。我们先遵照以上的逻辑思维顺序，建立自己的价值自信，想一想自己的价值点；然后把自己的价值传递给身边的朋友，让关系网中的朋友充分了解，再以传递自身价值为纽带，去获取更多的信息和对等价值的交流；最后呈现出一张关系网的思维导图（如图 10-8）。

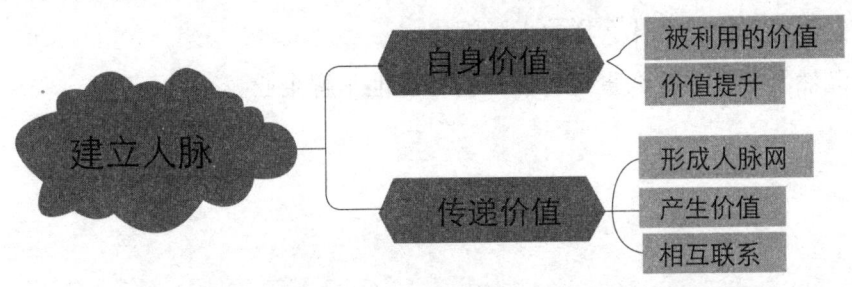

图 10-8 建立人脉关系的方法

2. 职场中的人脉建立方法

知道了怎么建立自己的人脉关系，只是了解人脉的基础方法，对于初入职场的新人，第一步还是从理清自己当下同事的关系网着手。

所谓"一个篱笆三个桩，一个好汉三个帮"，我们都知道自己处于一个以关系网编织的社会中，很多事情都是依托关系网而存在。做一件事情无论你个人的能力多强，也不如众人相帮来得快。在通往成功的路上，关系网能为你带来无数只协助的双手，让你行得更远，走得更稳。

"有人的地方就有江湖"，任何一个职场都是一个人脉圈子，既然是圈子就有圈子本身的关系网，在你步入企业的时候，首先就是一个从了解自己的人脉圈子开始。

（1）了解你所在的企业。职场新人先不要急着去结交关系，企业即是一个圈子，企业中的人当然是围着企业而产生关联的。企业的背景和企业文化，都是构成这个企业圈子的重要因素，职场新人应该先从了解企业开始。

首先，你的目的是想和企业里的同事发生关联，而在当前情况下同事能和你发生关联的纽带只能是企业；其次，你想进入企业这个关系网，就必须要对企业深入了解，企业才会把你纳入这个关系网中，并成为这个关系网中的一个节点；最后，你只有通过企业这个关系网，才能和同事建立新的关联，同事才能成为你关系网中的一个点。

进入企业之后，你和同事之间能产生共同关联的内容首先是工作，如果你不了解你的企业，你们之间就没有共同话题，也没有共同的关联点。既然什么都没有，你如何和对方产生关联？

所以我们不光要了解企业，还要了解自己在企业中的岗位、职务和业务范围。这些信息决定了你以后在企业里会接触到什么层次的同事，也决定了你首先会建立出一个什么样的人际圈。

既然了解企业这么重要，该如何尽快地了解企业呢？

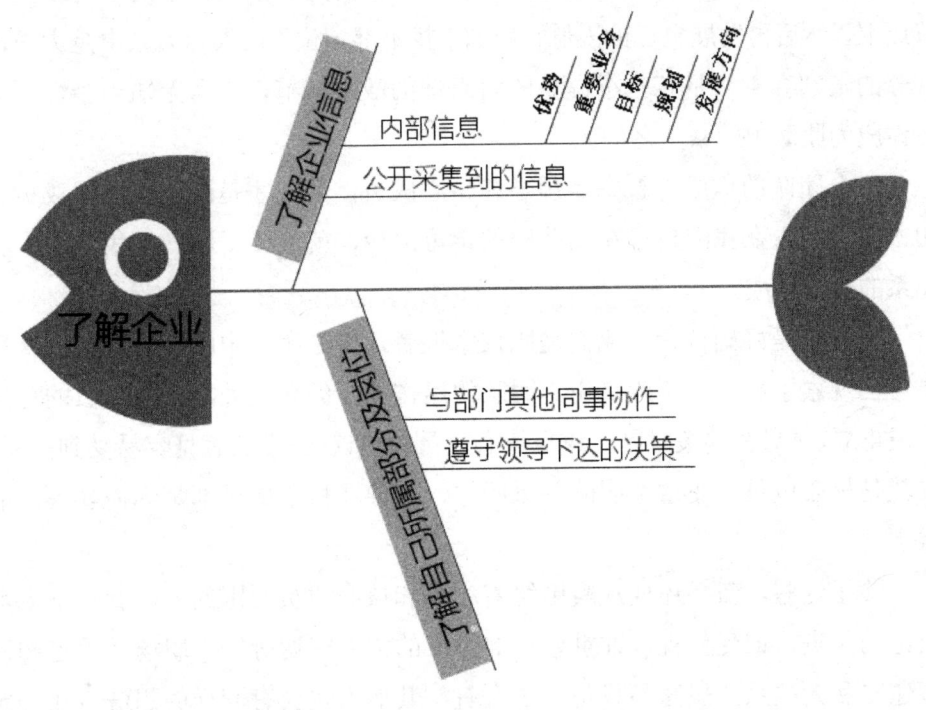

图 10-9　了解企业信息的方法

　　了解企业先从企业的信息开始，不管是内部信息还是公开采集到的信息，都可以对企业有一定的了解。根据这些信息，相比你已经在心中对企业产生一个判断，比如：这个企业有哪些优势，哪些业务是企业的重要业务，企业有哪些目标、规划以及发展方向，企业本身和自己的期望是否一致，企业能对自己产生什么影响？

　　一个企业的大方向是固定的，能留在这个企业的同事一定是和这个企业大方向相同的人，他们也是你未来人脉圈里的人，你的大方向就不能产生大的偏差。

　　接下来，要了解一下自己所处的部门和岗位。现在的企业都是团队合作，你所在的部门就是一个团队，你是这个团队中的一员。了解这个团队是如何运作的，团队中各成员都处于什么样的位置，怎么在团队中相互配合，你又是扮演着什么样的角色。

找准自己在团队中的角色定位，看一看自己处于团队关系网中的哪一个节点上，然后再发展自己的人脉。所谓"找不准定位"在人际关系中是大忌，过分的喧宾夺主只是某些小说里的博眼球的故事情节，"拿无知当个性"会使你成为团队中的众矢之的。

一个团队的构成，首先是领导和核心成员，其次才是团队的外围成员。初入职场的人在找准自己在团队中的定位之后，就应该了解一下团队中人员关系的基本构成。

领导层是好确认的，他们是职权掌握者，但是团队中的核心成员，就需要自己观察了解了。一般来说，团队的运作除了领导之外，核心成员的意见也很重要，领导在决策时是会尊重核心成员的建议的。谁的意见容易受到重视，谁就是核心成员。在这个团队关系网中，领导和核心成员都是你需要关注的重点。

除了这些，新手还要观察围绕着领导和核心成员周围的人，看一下大家谈论的焦点，谁受重视，谁重要，谁和谁的关系密切等等。职场新手想和同事建立私人关系的想法不只是一个人有，其他人也会有同样的想法。在确定了团队中的核心之后，还要注意和这些核心有关联的私人关系。分析一些团队中的各种私人关系，捋一捋这些关系对自己会产生什么样的影响。

充分了解完企业和自己所在团队里的成员之后，你已经能从中看到自己要建立的关系网大概是一种什么样的雏形了。

（2）明确自己的前进方向。要想在团队中站稳，并和团队中的人处理好关系，你的方向要先和团队保持一致。团队的工作任务，核心目标，关键指标都是你和同事之间有关联的有效信息。当你初步掌握了这些信息，你和同事之间会建立起良好的沟通。

良好的沟通是人际关系向好发展的第一步，也是你步入圈子的"敲门砖"。新入职场的你前进的方向不是"标新立异"，不是"出格"，而是尽可能和团队中的同事产生关联。

在工作中，你和你的同事在目标和方向上如果是一致的，最终目标一致才会让你们产生共同话题，共同话题才会让你和同事越走越近。所谓"交人交心"，没有共同话题的两个人之间，是擦不出任何碰撞的火花的，不能产生关联的人要么是陌生人的关系，要么是仇人的关系。

当你从团队中的一个边缘人一步步跟随这团队迈向目标，并在这个过程中成为团队的核心之后，你的人脉关系自然就丰富起来，自身的价值和别人能利用到你的价值也都变得多了起来。

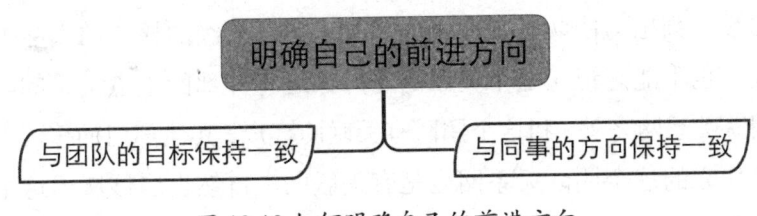

图 10-10 如何明确自己的前进方向

（3）运用思维导图绘制人脉关系图。人际关系网是一个错综复杂的网络，单纯用文字是很难理清其中关系的，我们每个人都会同时和许多的人发生关联，每一条关联内容都能产生更多的关联性出来。我们可以试着借助思维导图，把这种复杂的关系用可视化的方式表现出来。

第一步，列出你人脉关系网中的名单。在这里，我们首先会想到谁是这个人脉关系网中的重点，他一定是你在工作中需要的，也是团队所需要的人。在你的工作环境里，他应该是你的关系网中的重要人物，你和他有稳固的关系，他也和其他人能产生更多的关联。列出这样的人，并由他产生出关联的人，这就是你的人脉运作方式。

在列举人际关系重要人物的过程中，也很容易进入一个误区。比如，你在绘制思维导图写名字的时候，首先最容易想到的人一定是最近和你走得最近的人，你和他天天朝夕相处，自然而然认为他就是你最重要的人脉。

这其实是一个误区，你的人际关系网不光反映的是当前情况，更决定了你的未来。未来的你，会有另外的情况关系出现，考虑到未来可能性，你当前列出的人还要附合你对未来关系的需要。

在关系网里，单一的关系关联的价值是最低的；相反，多样性的关联能产生更多的价值。在绘制思维导图的时候，需要列出尽可能多的、不同的工作环境之间能产生相互关联的人。产生的关联性越多的人，你能整理出的资源就越多，他能和你产生关联的可能性也就越大。

　　"没有永远的朋友，也没有永远的敌人"，在列举人际关系网的时候，你不能也不应该忘记你的对手。他们或许曾经反对过你，但是并不代表永远反对你。当有一天你的价值符合他们的需要，或者他们的价值符合你的需要，你们之间自然也能产生一种关联。

　　第二步，列出与团队有关联的人。列出第一层级的核心的人际关系的名单的时候，也不能忘记在这个关系网之外你还有外部的重点关系的人存在。比如在团队关系网之外，和这个团队有关联的客户、其他部门的重要人员等，他们和你建立的这个团队关系网也是有关联的，自然也应该属于这个团队关系网中的人员。

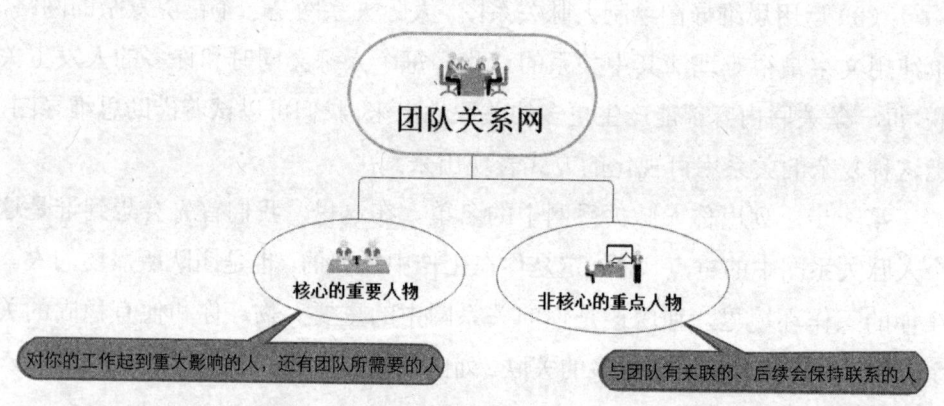

图 10-11 绘制团队关系网

　　做完团队关系网的思维导图之后，再回过头审视一下导图中列举的内容。这是一个重新思考的过程，也是对自己所列举的关系网里的人的一种评判。

　　在这个评判的过程中，你在心理自然会分出他们的重要程度。从 1 分到 5 分，在你的心理自然会有一个尺度。在以后的人际关系处理上，大抵会按照这个尺度的重要性来经营。

　　经营人脉关系的时候，也有未必如愿的情况，你认为重要的人，对方未必认为你重要。这是一种亟待加固的关系，所以，在对重要程度评估的同时，还要对关系网中你和对方关系的牢固程度进行评估。同样的，可以分为从 1

到 5 层级，有的人关系很稳固则为 5 分；但有的人和你的关系有待加强，可以为 1 分。

在连续的评估下，别人和你的关系程度以及你希望和对方的关系程度就变得很清晰，这对于你未来的经营方向是非常有帮助的，该强化的强化，该稳固的稳固。

（4）建立人脉关系网。人脉关系建立起来之后不是束之高阁放着看的，你应该让导图中的单一单向的人际关系变成一套系统复杂的关系网络。要呈现多样化的人脉关系网出来，就要学会经营自己的人脉，比如聚会、聚餐和一些互动活动等等，这些都是加强关系的办法。

在经营人脉的过程中，你还可以通过自己认识的人去结识他的人脉，从同事关系中发展出偶缘关系。只要肯花时间去推销自己的价值，寻找有价值的信息，这些人脉关系都是你的渠道。

当你成为别人关系网上的重要节点之后，你的关系网自然而然就会关联上更多的人，同时你也能为别人的关系网带去更多的人脉资源。你联系人脉资源的能力越强，你的关系网的规模就会变得越大，同时在你的人脉网中出现高层次、有能力的人脉的概率就越高。